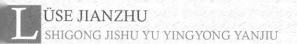

LÜSE JIANZHU

SHIGONG JISHU YU YINGYONG YANJIU

绿色建筑
施工技术与应用研究

窦如令 著

U0253891

电子科技大学出版社
University of Electronic Science and Technology of China Press

图书在版编目（ＣＩＰ）数据

绿色建筑施工技术与应用研究 / 窦如令著. — 成都：
电子科技大学出版社，2023.9
ISBN 978-7-5770-0507-2

Ⅰ. ①绿… Ⅱ. ①窦… Ⅲ. ①生态建筑－建筑施工－
研究 Ⅳ. ①TU74

中国国家版本馆 CIP 数据核字 (2023) 第 155285 号

绿色建筑施工技术与应用研究
LVSE JIANZHU SHIGONG JISHU YU YINGYONG YANJIU
窦如令 著

策划编辑　　罗国良
责任编辑　　罗国良

出版发行　　电子科技大学出版社
　　　　　　成都市一环路东一段 159 号电子信息产业大厦九楼　邮编 610051
主　　页　　www.uestcp.com.cn
服务电话　　028-83203399
邮购电话　　028-83201495

印　　刷　　北京京华铭诚工贸有限公司
成品尺寸　　170mm×240mm
印　　张　　13.5
字　　数　　203 千字
版　　次　　2023 年 9 月第 1 版
印　　次　　2024 年 1 月第 1 次印刷
书　　号　　ISBN 978-7-5770-0507-2
定　　价　　78.00 元

前言
REFACE

随着建筑行业的发展,新材料、新设备、新工艺以及新技术的不断投入使用,一批新的施工规范相继颁布施行,对建筑工程施工技术的要求也越来越高,发展绿色建筑将是建筑业实现节能减排和可持续发展的重要举措。自2006年我国第一部《绿色建筑评价标准》颁布实施以来,绿色建筑得到了快速发展,绿色建筑的理念和概念深入人心,绿色建筑相关的理论研究和工程实践成为业内的热点。

建筑业在有效促进经济和社会发展的同时,也带来了巨大的能源消耗和环境污染。作为国民经济的支柱产业,建筑业既要使国民经济又好又快发展,又要加强能源、资源节约和生态环境保护,增强可持续发展能力。

绿色施工涉及与可持续发展密切相关的生态与环境保护、资源与能源利用、社会与经济发展问题。实施绿色施工是可持续发展思想在建筑工程施工阶段的应用,对促进建筑业可持续发展具有重要意义。提高人们的绿色施工意识、解决经济性障碍、建立和完善法规制度体系和评价体系,是促进绿色施工的必要措施。随着可持续发展战略的进一步实施,实施绿色施工成为建筑业发展的必然选择。

本书共六章,阐述了绿色建筑与绿色施工的概念;绿色施工基础技术,如基坑施工封闭降水技术、外墙体自保温体系施工技术、供热计量技术、硬泡聚氨酯喷涂保温施工技术等;绿色施工综合综合技术,如地基基础工程施工技术、主体结构工程施工技术、装饰装修工程施工技术、建筑安装工程施工技术等;绿色施工具体技术应用案例。本书可作为土木工程、建筑学、给排水科学与工程、建筑环境与能源应用工程等专业本科生教学实用,也可供相关从业人员参考。

为了保证内容的丰富性与研究的多样性,作者在撰写本书的过程中参阅了很多关于建筑工程设计与绿色施工等方面的相关资料,在此向这些文献的作者表示衷心的感谢。

由于作者水平有限,加之时间仓促,书中难免有疏漏和不妥之处,恳请广大读者批评指正。

编　者

2023 年 1 月

目录
CONTENTS

第一章

绿色建筑与绿色施工

根据《绿色建筑评价标准》的定义，绿色建筑是指在建筑的全寿命期内，最大限度地节约各种资源、保护生态环境、降低环境污染，提高空间使用率，为人们创造适宜居住、绿色健康的生活空间，与大自然和谐共生的建筑。[①] 本章主要从绿色建筑的概念、起源与发展、绿色施工的概念与发展，以及绿色建筑与可持续发展的关系进行探讨。

第一节 绿色建筑的概念与起源

一、绿色建筑的概念

经过几十年的发展，我国的绿色建筑理念也发生了不小变化，从 2005 年单纯的倡导环保节能的"四节、一环保、一运营"转变为 2016 年提出的"全寿命周期"的综合理念。近年来，无论是政府、市场还是学术界，在绿色建筑的理念方面基本已经达成共识，并且明确了绿色建筑的定义和理论，我国绿色建筑的发展也在稳步进入高速发展时期。绿色建筑的内涵主要包括以下两个方面。

（一）和谐是绿色建筑的目标

和谐这一中华优秀传统文化也渗入到绿色建筑的理念之中，也是我国发展绿色建筑的目标。绿色建筑倡导的是建筑使用者、建筑以及自然三方的和谐共处，为建筑使用者提供绿色健康的、适用的、高效的建筑空间。这里所说的绿色健康强调建筑要以人为本，能够满足人们对建筑的使用需求；强调适应要最大限度地节约各种资源，不过分追求奢华；强调高效指的是在合理利用各种资源的基础上，最大限度地减少有害物质的排放，降低对生态环境的污染和破坏。绿色建筑追求的是人与建筑、人与自然、建筑与自然的和谐发展，最大限度地利用自然条件和适用的人为手段为建筑使用者创造健康舒适的居住环境；同时在此基础上，最大限度地减少资源使用和污染排放，降低对自然环境的开发和破坏，充分体现向大自然索取和回报之间的平衡。

---

① 王清勤，韩继红，曾捷．绿色建筑评价标准技术细则 2019 版［M］．北京：中国建筑工业出版社，2020.

（二）全生命周期的节约和环保是绿色建筑的重点

2016 年，国家第一次将全生命周期这一理念提升到国家战略的高度，并倡导将这一理念贯穿到建筑建设与管理的各个环节之中。建筑全生命周期可以理解为从项目的立项到建筑的最长使用寿命这段时间，包括物料生成、施工、运行以及拆除四个阶段，其中，运行阶段是重点时期。节约资源和环境保护一直是绿色建筑强调的重点，并且尤其强调要在运行阶段降低对资源的利用，特别要控制对水资源和能源的利用，降低对自然环境的开发和破坏，降低二氧化碳的排放。

绿色建筑概念的提出打开了绿色建筑发展的开端。绿色建筑是一个非常复杂的系统工程，要在建筑实践中应用和推广就需要建立一套完整的、科学的评价体系。要评价一项建筑工程是否为绿色建筑，主要依据该项建筑工程的能耗是否达到绿色建筑的标准，而决定建筑耗能高低的最主要因素是建筑设计与建筑施工，所以，绿色设计和绿色施工应运而生，即运用绿色理念和建筑方式进行建筑规划、设计、开发、使用和管理。其实，为居住者创造一个绿色健康、舒适环保的办公场所或生活场所与节约资源、减少污染不存在冲突，强调节约资源和环境保护并不是要用舒适的生活环境来换取，而是强调对资源的高效利用，即能源利用效率的提高。

绿色建筑的蓬勃发展与现代建筑技术和施工技术的提高息息相关，所以，绿色建筑本身也代表了各种新材料和新技术在建筑领域的应用。传统的建筑技术显然不能达到绿色建筑的要求，需要相关专家开发绿色建筑技术，结合各专业间的密切联系，以绿色环保的设计理念对建筑工程的各个环节和全寿命周期进行设计。此外，绿色建筑不仅需要先进技术的支持，还需要所有相关从业人员能具备节能环保的意识，有意识地规范自己的行为。随着时代和社会的发展，人们开始关注生活的质量和品质，关注自己居住环境的健康程度和居住空间的舒适程度，这就要求建筑不仅要满足人们居住使用的需求，还要满足人们对建筑舒适和健康的需求，而这种需求也成为了促进绿色建筑发展的推动力。

绿色建筑是整体的、全面的概念，既与建筑设计、建筑施工、建筑使用、建筑材料息息相关，也与生产观念、生活观念、价值观念等密切相关。推广绿色建筑，能够降低温室气体的排放，帮助人类应对全球环境挑战。绿色建筑必然是未来建筑行业的发展方向，拥有巨大的发展潜力。

二、绿色建筑的起源与发展

我们都知道，一栋建筑从开始设计到施工、使用到最终拆除，在这些过程中都需要消耗大量的能源和资源，并且还会产生大量的污染物，对自然环境造成破坏。据统计，建筑物在其建造、使用过程中消耗了全球能源的 50％，产生的污染物占污染物总量的 34％。[1] 随着全球资源短缺与环境恶化，建筑业的可持续发展成为世界各国都重视的问题，绿色建筑概念应运而生。20 世纪 70 年代，西方国家基于可持续发展原则提出了绿色建筑的概念。绿色建筑的概念，从最初低能耗、零能耗的可持续建筑，发展为环境友好型建筑、能效型建筑，到今天的生态建筑、绿色建筑。可持续建筑是建筑可持续发展的初级阶段，环境友好型建筑、能效型建筑是建筑可持续发展的中级阶段，生态建筑、绿色建筑是建筑可持续发展的高级阶段。

（一）国外绿色建筑发展情况

西方建筑思想深受古罗马《建筑十书》的影响。该书系统地介绍了早起罗马建筑和希腊建筑的经验，书中许多理论被广泛地传播和应用，为欧洲建筑学科的发展奠定了理论基础。《建筑十书》强调建筑应兼具实用和美观，提出建筑要与地域和自然环境相适应，并为居住者提供健康舒适的居住环境，这些观点对现代绿色建筑的理论发展具有借鉴意义。

18 世纪中叶，工业革命为欧洲生产带来巨变，但也对环境造成了严重破坏，城市卫生情况恶劣，为人们的生活造成严重不便，引发了严重的社会问题。于是，英、法、美等国提出城市公园绿地建设活动，希望通过这项举措能够解决城市的环境问题。该活动提出恢复对废弃地的利用，并创新提出了城市住宅与公园联合开发模式，通过植被生态调节城市环境问题等。这些创新性举措为城市居民改善了生活环境，打破了城市居民与自然隔离的状态，也在一定程度上反映了绿色建筑的思想。

20 世纪 60 年代，美国建筑师保罗第一次把建筑与生态结合在一起，提出了"生态建筑"的概念，即"绿色建筑"。这一概念的提出让人们对建筑的本质有了全新的理解和更深入的认识。1972 年，联合国通过的《斯德哥尔摩宣言》，倡导人

---

① 沈艳忧，梅宇靖. 绿色建筑施工管理与应用[M]. 长春：吉林科学技术出版社，2019.

造环境与自然环境协调发展的原则。1990 年，英国率先提出了绿色建筑评估体系 BREEAM (building research establishment environmental assessment method)。1992 年，联合国环境与发展大会提出了《21 世纪议程》，明确提出理论"绿色建筑"的概念，指明建筑既要满足当代人需要，又不对后代人的发展构成危害。自此之后，绿色建筑成为一个兼顾健康舒适和环境保护的研究体系，并且在世界各国得到推广，成为全球建筑发展的主流方向。

1993 年，美国建筑设计师出版了《可持续设计指导原则》一书，倡导建筑材料应尽量使用可更新的地方建筑材料，建筑设计要结合地方气候环境、生态系统、文化脉络以及对建筑功能需要，遵循简单适用的原则，采用被动式能源策略。同年 6 月，国际建筑师协会通过了《芝加哥宣言》，倡导各国降低能源消耗和环境环境污染、保护和恢复生物多样性，建筑建造应遵循卫生、安全、舒适、环保的原则。1999 年，世界绿色建筑协会(world green building council，WGBC)成立。

21 世纪以后，绿色建筑越来越受到世界各国的重视，理论上也得到了进一步发展，绿色建筑的内涵更加丰富，在全球范围内快速发展。为了进一步明确绿色建筑的概念，使绿色建筑更具可操作性，世界各国逐步建立和完善适合自身地域特点的绿色建筑评估体系，越来越多的国家和地区将绿色建筑标准作为强制性规定。

(二)国内绿色建筑发展情况

绿色建筑在我国形成和发展的时间相对较短，约 40 年，但这 40 年也是我国城市化快速发展的时期。纵观我国绿色建筑近几十年的发展，大致可分为以下四个发展阶段。

1. 萌发阶段(20 世纪 80 年代起)

20 世纪 80 年代，由于发展城市化，我国建筑业迎来高速发展时期。但是，由于缺乏先进理论指导和设备技术支持，建筑业建设能力十分低下，大部分建筑存在热工性能差、能耗高的问题。特别是在北方地区，建筑物本体的能耗质变在 $35\sim60$ W/m² ，折合成每年单位建筑面积的煤耗量在 $14\sim30$ kg 之间。这个数字乘以全国数百亿平方米面积的建筑，就是相当庞大的能耗。[①] 也正因如此，我国

[①]　刘加平.绿色建筑—西部践行[M].北京:中国建筑工业出版社,2015.08.

建筑相关专家和学者开始研究建筑节能的问题。

2. 基础阶段(20 世纪 90 年代)

20 世纪 90 年代,绿色建筑的概念和技术逐渐传入我国,我国绿色建筑业的理念、技术以及绿色建筑评价体系得到了长足发展,然而这种发展主要体现在学术层面,在实践方面仍有欠缺。1994 年,我国通过了《中国 21 世纪议程》,代表我国已经明确了绿色建筑的概念和内涵。

3. 实践阶段(20 世纪 90 年代至 2010 年)

2001 年,我国相继出版了《绿色生态住宅小区建设要点和技术导则》和《中国生态住宅技术评估手册》,在政策上进一步明确绿色建筑的地位。2003 年,我国发布了《绿色奥运建筑评估体系》,在技术上为绿色建筑的发展奠定了基础。此后,我国又相继颁布了《中华人民共和国可再生能源法》和《中华人民共和国节约能源法》,为我国绿色建筑的发展提供了法律基础。在实践方面,2004 年建成的上海建筑科学研究院生态办公楼,2005 年建成的清华大学超低能耗实验楼,标志着我国绿色建筑已经步入实践,在我国逐渐推广开来。

4. 高速发展阶段(2011 年以后)

2011 年以后,绿色建筑率先在我国经济较为发达的城市出现,绿色建筑业从建筑层面走向城市建设层面。然而,在经济发展相对缓慢的地区,因为技术传播和发展较为缓慢、政策解读相对滞后,在这些地区绿色建筑发展还没有形成规模。但从我国近年来绿色建筑理念的接受程度和认可程度来看,绿色建筑未来的发展前景广阔,必然会进入蓬勃发展的态势。

(三)我国城市绿色建筑的发展现状

1. 认知方面

因为绿色建筑的理念和技术传入我国的时间较晚,在我国的发展也仅有几十年。并且,我国在绿色建筑方面的研究起步较晚,基础较差,国内建筑物的总体质量不高,建筑发展区域性差异非常大,建筑制度体系不健全,在思想观念上的发展和健身不足,绿色环保的建筑观念还没有深入人心。综合以上,可见我国在绿色建筑的认知层面上仍存在发展不全面、思想观念不深入的问题。具体表现在以下两个方面。

一方面,从政府和开发商的角度来看,二者主要在绿色建筑发展模式上存在分歧。从政府的角度来看,倡导促进普通建筑的"绿色化",在尽可能降低投入的前提下实现绿色建筑的节能目标。从开发商的角度来看，开发商希望提高绿色建筑的"格调"和"江湖地位"，不走普适化路线。但是建筑成本与建筑舒适度之间具有相互关系，开发商又以盈利为目的，低端绿色产品由于需要严格控制成本，不得不在舒适性和欣赏性上做出牺牲，才能在有效成本控制下满足绿色节能要求，所以，开发商在绿色建筑中更主张选择利润大、风险小的高端产品，势必会增加建筑成本。但是，绝大多数的消费者不会主动去关注这些潜藏的节能效益，所以也不会因为这些去放弃他们看得见的、熟悉的舒适美观的建筑品质，因而低端绿色建筑产品在没有足够的政策支持的前提下，需要开发商承担更多的风险。同时，政府在倡导绿色建筑的职责下，希望消费者在满足舒适度需求的基础上，能够权衡舒适度和建筑成本的平衡，选择中低端绿色建筑产品。很明显，从社会公平的角度来看，政府倡导"平价"绿色建筑产品的观点毫无疑问是正确的，绿色建筑不能只走高端路线，这种做法将绝大多数的普通建筑都排除绿色建筑之外，显然不符合大多数人的利益，也与政府推动绿色建筑的初衷相背离。[①]

另一方面，从消费者的层面来看，随着国家对绿色环保、节约能源思想观念的大力推广与宣传，这一观念逐渐深入人心，越来越多的消费者，特别是年轻消费者将目光瞄准绿色建筑产品市场。清华大学建筑学院对某社区居民进行问卷调查，调查结果显示，该社区居民对节能家用电器产品、节能家居产品、可再生产品等绿色产品的接受程度较好，关注度较高，且成年轻化趋势。[②] 尽管这项调查在调查范围、调查对象等方面存在较大局限，但也可以看出我国居民已经逐步形成了绿色消费观念，在部分消费者中，生态价值成为购房决策的重要影响因素，并且愿意为绿色产品带来的消费上涨"买单"。[③]

从整体上看，我国消费者对绿色建筑的理解还不够深入，仍然停留在节约能源、节水节点这些基本层面，对于在建造过程中节能材料的使用、产能利用率的提高、降低污染、节能减排等方面的了解不足，没有形成充分的理解和认识。并且，在实际生活中绿色环保的行动仍存在不足，生态意识觉醒和实际行为之间没有形成有效链接，人们对绿色建筑的支持更多停留在思想观念层面上，但不可否认的是，有越来越多的人意识到并且认同发展绿色建筑的必要性。[④]

---

① 黄献明．绿色建筑的生态经济优化问题研究[D]．北京：清华大学，2006：33.
② 黄献明．绿色建筑的生态经济优化问题研究[D]．北京：清华大学，2006：33.
③ 刘敏等著．绿色建筑发展与推广研究[M]．北京：经济管理出版社，2012：31.
④ Top Energy绿色建筑论坛组织．绿色建筑评估[M]．北京：中国建筑工业出版社，2007：13.

2. 制度方面

制度建设是确保绿色建筑发展的制度保障，是绿色建筑在国内发展的外在环境，为绿色建筑的发展保驾护航。从国外绿色建筑发展历程来看，相比于技术更新，制度建设对促进绿色建筑发展方面能获取更大"收益"。[①] 一方面，在制度体系建设方面，我国先后发布了一系列法令条例，如《中华人民共和国节约能源法》《中华人民共和国建筑法》《中华人民共和国可再生能源法》《民用建筑节能条例》《公共机构节能条例》等，为我国绿色建筑发展奠定了基本法律基础。[②] 同时，积极构筑与我国国情相符的绿色建筑评价体系，从 2005 年颁布的《绿色建筑评价标准》《绿色建筑技术导则》，到 2019 年发布的《绿色建筑评价标准》，标志着我国绿色建筑评价体系越来越完善和成熟。并且，我国针对不同类型的绿色建筑，如绿色医院、绿色工业、绿色商店、绿色办公等，相继制订了不同的设计标准和施工规范，多个省份结合地方实际情况发布了地方性质的绿色建筑标准，并且涵盖了多种建筑类型的全生命周期标准。[③]

3. 具体项目现状

自从我国开始实施绿色建筑评价标识工作，绿色建筑取得了明显发展，在项目建设的数量和认证面积上都呈现出逐年增长的趋势。根据我国绿色建筑评价项目公告显示，截止 2019 年 9 月底，我国绿色建筑评价标识项目数量累计超过了 4 500 项，其中，绿色建筑设计标识超过了 4 000 个，占标识总个数的 90% 以上，绿色建筑运行标超 200 个，占总个数的 6%。在建筑面积方面，绿色建筑累积建筑面积已超过 5 万 m²。[④]

我国绿色建筑的发展存在明显地理差异。在经济基础好、经济发展快的地区，绿色建筑的发展较快；在经济发展相对缓慢的地区，绿色建筑的发展相对滞后。从绿色建筑项目的数量和认证面积上来看，东部沿海地区如上海、江苏、广东等地的排名靠前，中西部地区排名靠后，但从整体上看，全国各省绿色建筑均

① 魏茨察克. 四倍跃进：一半的资源消耗创造双倍的财富[M]. 北京：中华工商联合出版社，2001：278.
② 住房和城乡建设部科技与产业发展中心. 世界绿色建筑政策法规与评价体系[M]. 北京：中国建筑工业出版社，2014：7.
③ 住房和城乡建设部科技与产业发展中心. 世界绿色建筑政策法规与评价体系[M]. 北京：中国建筑工业出版社，2014：13.
④ 张檀秋. 绿色发展理念下我国城市绿色建筑发展的研究[D]. 云南师范大学，2020：34.

有不同程度的发展。[①]

从我国绿色建筑的星级分布上来看，一星级建筑的的数量已接近 2 000，建筑面积达到了 20 多万平方米，在全国建筑总面积中的占比超过了 45%，；二星级建筑的数量达到了 1 800，建筑面积已达到 20 万 m^2，在全国建筑总面积中的占比达到了 40%；三星级建筑的数量超过 800 个，建筑面积超过 7 000 万 m^2，在全国建筑总面积中的占比达到了 15%。[②]

（四）我国城市绿色建筑存在的问题

随着绿色环保的概念逐渐深入人心，绿色建筑产品受到了更多消费者的关注，绿色建筑的发展也更加被重视，特别是近几年，绿色建筑的发展呈现出比较客观的发展态势。然而从整体的发展现状上看，仍然存在一些问题亟待解决。

1. 观念认知方面

一方面，广大人民群众缺乏对绿色建筑理念和相关知识的深入了解，没有深刻意识到绿色建筑对可持续发展的重要意义。并且，许多地方政府在城镇化建设过程中，没有彻底的将绿色建筑放到可持续发展、生态优先的高度上，因此，在实际行动中并没有彻底贯彻落实绿色建筑标准，绿色建筑的发展和推广也就无从谈起了。

另一方面，随着多年来的推广和宣传，人们对绿色建筑的认识达到了一定高度，然后因为政府和开发商以及大多数建筑行业从业者对绿色建筑的知识和技术缺乏深刻知识，造成绿色建筑只停留在观念上而没有落到实际上，缺乏科学的技术指导，很难保证绿色建筑在建设过程中各个环节的渗透力和质量。[③]

2. 体制机制方面

受我国基本国情和文化传统的影响，绿色建筑在我国的发展过程中，政府的主导性作用非常显著，甚至在绿色建筑产品消费意向、开发机构决策、技术发展、产业发展等方面，政府都扮演了重要的角色。所以，政策制度仍然是当下我国绿色建筑发展的重要因素，存在于该层面上的问题也应首要解决。具体来讲，我国绿色建筑发展在制度机制方面存在的问题主要来自下述两个方面。

第一，在制度编制上，编制群体成分单一化非常明显，基本为科研机构专家

---

① 黄欣茹. 可持续发展背景下城市绿色建筑发展影响因素研究[D]. 深圳：深圳大学，2016：18.
② 张檀秋. 绿色发展理念下我国城市绿色建筑发展的研究[D]. 云南师范大学，2020：37.
③ 俞伟伟. 中美绿色建筑评价标准认证体系比较研究[D]. 重庆：重庆大学，2008：41.

组成，因此，在制度编制的过程中没有办法参考其他群体的意见，体现他们的意志，而这些群体在绿色建筑中所占比例并不低，这导致制度无法获得较高的认同感和可操作性，并且存在于其他地区特点和地方法规"不兼容"的问题。

第二，在制度执行上，受强制推行的惯性思维模式影响，没有充分考虑到制度操作者的利益，并且缺乏与之相适应的激励性政策配合，使得制度与市场无法完全结合，单一的推行手段也大大抑制了制度执行的自觉性。制度的现实执行、贯彻度低、制度的引导性没有得到很好地发挥。

3. 项目应用方面

首先，从绿色建筑的标识项目的数量和总体情况来看，我国绿色建筑的区域发展差异性较大，各地区发展规模不均衡，及时在同一省份，绿色建筑的推广和发展也存在明显的不均匀。

其次，从我国绿色建筑项目标识的数量和项目标识类型的分布情况来看，设计标识的数量要明显多余运行标识项目的数量较多。出现这种情况的主要原因是我国绿色建筑标准体系建设不完善，设计标准和运营标准共用，标准不清晰、不明确；开发商对绿色建筑设计功能的发挥的关注程度更高，没有充分考虑在绿色建筑运营阶段的管理。

最后，在专业人才方面，绿色建筑相关专业人才主要集中在机电专业中，其中以暖通专业比较突出，缺乏建筑结构专业等其他专业人才。[1] 同时，国内还没有建立绿色建筑相关的职业认定标准考核标准，导致绿色建筑行业人才良莠不齐。此外，绿色建筑专业评定机构和咨询机构缺乏，服务体系建设不完善。[2]

三、绿色建筑发展的启示

（一）绿色建筑从浅绿走向全绿

1. 浅绿建筑观

18 世纪 50 年代到 20 世纪 70 年代是世界建筑发展的非常重要时期，尤其是在战后，世界各国都需要恢复被战争摧残的城市，于是掀起了一股城市建设的浪潮，世界建筑业因此取得了巨大发展，在 20 世纪 50 年代成为了全球各国重要的

---

① 丁剑红 . 中国绿色建筑之路——从设计到运行[A]. 西部生态城镇与绿色建筑研究论文集[C]. 成都：西南交通大学出版社，2014：30-36.

② 刘敏，张琳，廖佳丽 . 绿色建筑发展与推广研究[M]. 北京：经济管理出版社，2012：117.

一个支柱产业。在这个时期，全球在城市建设方面取得了辉煌成绩，但也暴露出了一系列的严峻问题，如城市迅速扩张对环境破坏严重，城市臃肿伴随严重的城市污染、城市居住环境问题等，这些问题的出现严重影响了人们的生活，伴随而来的是日益凸显的矛盾。人们在解决这些问题的同时也开始探索工业建设和城市发展的关系。并且，这一时期科学技术的发展速度快，涌现了一大批新的方法和技术，环境文化也取得了长足发展，人们对建筑设计、城市发展和市政规划的思想观念与理论也产生了巨大变化。这些新的思想观念和理论从总体上看体现的就是浅绿建筑观念。

浅绿建筑观念意识到人、建筑、环境三者之间的相互关系，不再只关注建筑业的发展，同时也考虑到建筑对周围自然环境的影响，以及建筑环境对人类生活的影响；关注资源和能源的使用效率，开始重视建筑材料对人体健康的影响。[①]浅绿建筑观主要表现为以下是三个方面。

第一，从保护自然环境、尊重生态发展规律，探索人与大自然和谐共处的朴素思想，转变为强调人的存在和体验，城市规划和城市建设从人的角度出发，以满足人的生活需求为目的，重视人的基础需求，在此基础上满足人的社会需求和精神需求。[②]

第二，在城市规划和建筑设计方面。由于过去强调大机器生产和城市化建设，没有考虑对资源和能源的消耗，以及对生态环境的破坏和环境的污染，转变为强调清洁技术、低消耗技术实施建筑开发。首先，建筑技术的开发和选择向绿色化、生活化、人性化方向发展，既为人们创造了健康的居住环境和安全的建筑环境，也在一定程度上促进了人与人之间的和谐相处。其次，在建筑设计、材料选择、建造过程中选择绿色话、生活化的建筑技术，必须要遵循节约能源、减少污染、保护环境和生态的根本原则和目标。[③]

第三，转变绿色建筑的发展方式，从过去依靠以自身利益为先的企业转向为依靠政府制定一系列政策法规，为绿色建筑创造发展的制度机制和政策环境，以政策推动和激励绿色建筑的发展，同时也对建筑业进行一定约束。从本质上看，浅绿色建筑观是对传统的建筑方式的更新，体现了人们对建筑、环境和人三者之

---

① 张钦楠.芝加哥宣言——为争取持久未来的相互依赖[J].建筑学报，1993(09)：5.

② 吴良镛.人居环境科学导论[M].北京：中国建筑工业出版社，2001：12-13.

③ 中华人们共和国住房和城乡建设部.绿色建筑评价标准（2019）[M].北京：中国建筑工业出版社，2019：2.

间关系的重新思考。浅绿色建筑观让人们对建筑的本质产生了更高层次和更加深入的探讨，并且，随着绿色建筑的理念在全球范围内的传播和发展，一些国家开始制定与本国相适应的绿色建筑发展的政策、技术指导、行业规范、建筑评价体系等。经过多年实践，各国绿色建筑都有了不同程度的发展，创造了许多经典绿色建筑案例和技术案例，进一步推动了绿色建筑的发展。然而，浅绿建筑观念只是通过技术革新来解决建筑环保的问题，而没有从根本上解决城市建筑问题，如果不能找到解决的办法，绿色建筑很可能会走向另一个极端。

2. 深绿绿色观

随着人们对浅绿建筑观的认识加深，人们对绿色建筑的理论和技术的研究也更加深入，积累了不少绿色建筑实践经验，逐渐形成了以绿色发展和节能技术相结合为导向的深绿建筑观。一方面，人们意识到浅绿建筑观单纯通过科学技术改善建筑问题的片面性，注意到如果不改变片面的经济增长方式、粗放的建造技术和模式，就无法在根本上解决问题，不能为城市建筑的发展找到全新的、可持续发展方向。另一方面，深绿建筑观从更深的层次思考适宜人类居住的方式和环境，它不仅强调要通过建筑建立人与自然和谐、友好的关系，① 还倡导通过建筑与人类社会各方面的重建，形成全新的绿色发展模式，才能切实体现出绿色建筑与其自身相适应的本质特征。

在思考人与自然的关系方面，深绿建筑观认为建筑必须体现保护自然环境、尊重生态发展规律、维护生态系统平衡的客观要求，才能在逐渐提高认识、不断实践探索的过程中真正建立起人、建筑、自然三者和谐有序的关系。

第一，技术上，要改变过去对传统技术和现代科学技术的态度，不盲目高科技堆积，也不拒绝优秀传统技术，提倡对优秀传统技术进行升级改造，并与现代科学技术相集成一起，构建起人、建筑、自然三者和谐有序的关系。

第二，经济上，绿色技术的发展和智能技术的出现进一步促进了绿色建筑技术的发展，为绿色建筑的广泛推广提供了技术上的可能，掀起了又一波促进建筑技术创新的高潮。同时，出现了与绿色建筑相适应的经济模式，也为绿色建筑的推广和发展提供了现实可行的原动力。

第三，体制机制上，一系列与绿色发展相关的政策和法规的颁布，标志着绿色发展的思想观念已经融入了政治结构、经济结构和法律体系之中，为绿色建筑

---

① 李旭民. 绿色建筑的发展历程及趋势研究[D]. 长沙：湖南大学，2014：62.

的发展提供了强有力的政策和制度保障。

深绿建筑观认为，当前人类社会的发展离不开大自然中有限的能源和资源，但人类不能将大自然当做能够肆意挥霍的宝库和无限容量的垃圾桶，也不能将科学技术作为征服自然的武器，踩着生态破坏、环境污染的阶梯前进。要建立人、建筑、自然的新关系，彻底解决城市生态问题，只依靠先进的科学技术是无法实现的，而要从政治结构、经济结构入手，才能打破这种困局。深绿建筑观倡导绿色经济发展观，提倡改变低效、粗放的经济增长方式，优化资源利用方式，提高资源利用率，探索低成本、低排放、可再生的新能源，追求经济的可持续发展，破解能源约束困境；同时，要通过绿色建筑技术解决建筑全生命周期内资源浪费和建筑污染的问题，倡导采用低成本、高质量的绿色建筑材料和低能耗、低排放、高效益的绿色建筑技术，转变过去以碳基技术为主的能源消耗体系，破解环境约束困境。[1]

3. 全绿建筑观

全绿色建筑观认为，绿色建筑应该以满足自然生态系统的客观规律为前提，以之自然环境和谐共处为基础，充分、有序地利用生态系统、环境条件和资源，尊重自然与生态，在继承和发展优秀传统技术的基础上，与现代技术相集成，提高资源的利用率，用最少的资源建设健康安全、适宜宜居的建筑物。全绿色建筑观是"由点到面，由浅入深地不断提高、改进、突破、创新，即绿色建筑的绿色化程度将不断扩展。[2] 换句话说，全绿色建筑是建筑绿色化发展的最终方向，是建筑逐渐全绿色化的过程。我们可以从下述三个维度理解全绿建筑观。

1) 在观念层面上

首先，以人为本是绿色建筑的基本出发点，无论是哪种建筑类型，都应以满足人的居住需求为根本，尤其是要满足低收入群体的基本居住需求。并且，倡导人们不要过度沉溺于物质，提倡适度消费，希望人们能够克制自己的物欲，学会享受简单朴实的生活，将更多的经历放在丰富精神享受上。

其次，遵循简单适用的原则。虽然绿色建筑是在保护地球的理念下产生的建筑类型，但是，许多设计师错误理解绿色的概念，不懂得谨慎规划，反而用复杂化、冗长化的设计表现建筑的"绿色"，这种做法只能适得其反，造成施工、管

① 刘德海.绿色发展[M].江苏：江苏人民出版社，2016：146-147.
② 刘敏，等.绿色建筑发展与推广研究[M].北京：经济管理出版社，2012：18.

理、维修的低效率和浪费。需要注意的是，绿色建筑并不是高科技建筑，那些充满设计感的、充斥着高科技产品的建筑，但其实质上并不是真正的绿色建筑。真正的绿色建筑是低污染、高效、自然的，在追求高性能的过程中兼顾简单使用，尽可能发挥材料最大的功用和性能，发挥最大的环保功能。

再次，安全健康的观念要贯穿始终。安全既包括建筑的安全也包括环境的安全，要严格把控建筑工程的质量和安全性能，如在建筑设计、工程勘测、施工活动等都要符合国家规定的建筑工程安全标准和质量；在环境安全方面，不仅要在施工过程中尽可能降低对周边生态环境的破坏，还要确保障建筑内部的安全。健康是指建筑健康，要满足人们对健康生活的需求，既要创造出适宜人类居住的物理环境，也要确保建筑物内部废气的有效处理，使空气对人体无害。

最后，兼顾建筑之美。在城市建设兴起的时候，无论是城市设计还是建筑设计主要强调经济和实用，最后才考虑建筑的美观，当时的观念认为，美观会增加建筑的设计和建造成本，并且许多美仅限于观，并不实用。在这个错误观念的基础上，人们认为美观是能够凸显经济实力和社会地位的象征，因此，逐渐走向追求华而不实、毫无内涵的形式美的误区。① 近二十年，随着当代哲学对人类本身和生活本质探索的深入，人们的审美不断提升，不再追求浮夸的设计，开始向往艺术般的生活。人们都是渴望舒适、健康、美好的生活，无论是城市景观还是建筑室内设计，都成为了人们的审美对象。所以，绿色建筑的出现和发展也表明了人们对城市生活和建筑艺术化的追求，也反映了人们打破过去被物质、功利为取向的文化形式束缚的观念，在意识观念上唤醒了对建筑美的艺术追求。②

2）在政策体系层面上

首先，激励性与强制性相结合。强制性政策具有明显的针对性，并且目标明确，在政策实施过程中具有权力保障优势。强制性政策应用在绿色建筑中时，通常很快取得明显成效。与强制性政策相比，激励性政策的成本较低，且效率很高，能够刺激绿色建筑技术的研究发展，促进绿色建筑技术的开发和应用。从理论层面上来看，合理设计并有效实施激励性政策和强制性政策，能够降低社会成本，促进绿色建筑的推广、发展和应用。

其次，政策具有明确的引导性。政府是最具公信力的组织，在绿色建筑及其

---

① 俞孔坚，李迪华. 城市景观之路——与市长们交流[M]. 北京：中国建筑工业出版社，2002：20.
② 李哲. 基于当代生态观念的城市景观美学解析[M]. 天津：天津大学出版社，2016：21.

理念的推广中要充分发挥引导宣传的功能和作用，出台相应的政策鼓励、扶持、推动绿色建筑的发展，势必会取得事半功倍的效果。同时，政府的支持也能激发人民群众和企业对绿色建筑的兴趣，更能进一步提升绿色建筑发展的信心。

再次，针对性与协同性相统一。制定政策的目的在于推动绿色建筑的发展，并作为一种管理手段，促进绿色建筑体系的发展及其可持续发展机制的研究。因此，制订的绿色建筑的相关政策和标准应具有针对性，做到有的放矢。绿色建筑发展政策和绿色建筑技术标准的调控对象、调控手段和在绿色建筑体系中的所属层次不同，因此发挥的作用也不相同。所以，在设计和制订政策和技术标准的时候还要考虑二者之间的协调性，使政策和标准之间能够有效配合，起到连锁反应，达到一加一大于二的效果。如此，一方面能够有效提高绿色建筑体制机制的综合调控力，另一方面也推动了科学合理绿色建筑体系的建立和发展。

最后，重视稳定性的同时兼顾可变性。政策实施是存在有效期的，还需要考虑政策的调控时长，所以政策的内容和层次应具备较强的稳定性，同时兼顾可变性，适应市场环境的变化。一方面，在政策实施过程中需要及时对政策执行情况和调控状况进行监控，做好调查和评价；另一方面，政策制订既要结合当下社会经济环境背景，还要在实施过程中针对环境和行情的变化及时进行调整和完善，有的时候甚至需要进行较大的调整。

（3）在技术层面上

"全绿"是绿色建筑的终极目标，也是城市建设的发展方向。要实现绿色建筑和城市建设的"全绿"，关键在于如何确保绿色建筑全生命周期的"绿色化"。

第一，推进规划设计的绿色化，要从绿色建筑的源头做起，严格把控各关键环节。

第二，实现建造过程的"绿色化"，要以"绿色化"为施工标准，在绿色建筑建造过程中严格遵守节能环保、提高效率、提升品质、保障安全的原则和要求。

第三，运营管理的"绿色化"，在绿色建筑全生命周期中，运营管理阶段的时间最长，但也最容易忽视"绿色化"目标。因此，在该阶段中，要进一步强调"绿色化"目标，并将"绿色化"运营和管理落到实处也是推进城市绿色发展的关键环节。

第四，周围生态环境的"绿色化"，无论是建筑材料的取材和利用，还是对旧建筑的拆除、新建筑的建设，都应重视对周围生态环境的保护，尽可能降低对周围生态的破坏和环境的污染。

综上所述，全生命周期使全绿色建筑具备了生命内涵，拥有了生命特征和必备的生命系统功能。这使得全绿色建筑一方面具有了生命运行的规律，具有生命的共性和个性，另一方面也具备了生命存在和发展的特点，具备生命特征的传承，与其他类型的建筑系统产生了生命逻辑关系，成为了相互作用、相互依存的共生价值。① 所以，要深入研究绿色建筑，不能只停留在技术层面，还应从社会层面进行生层次的分析与思考。

全绿色建筑充分体现了人类的文明、意志和行为，建筑的构建方式和方法体现了人类科学技术的发展和应用。但是，由于城市建设必然会产生环境污染和能源的消耗，城市发展无可避免地会对生态系统和社会生态系统造成损害，所以，对全绿色建筑的思考和发展要从保护生态系统、全绿色建筑设计和绿色建筑有效运营和管理方面着手。

全绿色建筑显示了人类科学技术的进步，是人类对地球资源高效、合理的利用和对生态保护的意志的体现。建立绿色建筑体系，是绿色低碳发展理念的落实和实践，是保障人类生存和提高生活质量的科学实践，是保障人类社会能够持续绿色发展的重要方法。

严格来讲，全绿色建筑并不是建筑类型，它是包括居住、生产、公共活动、生活服务等空间类型的建筑，全绿色建筑既可以是住宅楼、办公楼、学校、医院，也可以是商场、体育馆、剧院。绿色建筑的绿色内涵十分丰富，既包括生态环境和环境保护，也包括社会经济和社会文化，绿色建筑不仅是一种建筑理念，更是一种健康的生活方式。随着社会经济的发展，人类对自然和社会的发展规律认识的更清晰、更全面，对绿色建筑技术和绿色建筑管理技术 的认识也逐渐提高，对绿色建筑理念的解读也更深入，实践也更具体。

（二）绿色建筑从技术化走向生态化

其实，绿色建筑在发展过程中有过许多称谓，如"节能建筑""低碳建筑""生态建筑""智慧建筑"等。随着人们对环境问题的研究越来越深入，认识也越来越深刻，绿色建筑的内涵也更加丰富。在绿色建筑发展过程中，有甄别地吸收了一些其他思潮和学派的思想观念，所以，发展到如今的绿色建筑具有较强的开放性、包容性和创新型。经过这些年的发展，绿色建筑已经从最初只关注技术的创

---

① 饶戎.绿色建筑[M].北京：中国计划出版社，2008：08.

新和技术发展，到现在向可持续化、生态化发展。

1. 初级阶段——清洁节能技术的应用

低碳建筑和节能建筑是清洁节能技术应用的典型建筑类型。低碳建筑是指在建筑设计、建筑规划、建筑材料和建造设备上，在建筑施工、建筑运用管理和建筑拆除阶段内，以低消耗、低排放、低污染为原则，尽可能用最少的能源和资源创造舒适合理的建筑空间。节能建筑是指在国家技能标准范围内，在建筑设计、建筑规划和建筑施工环节中，通过采用新型建筑材料等措施建造达到节能标准的建筑。其中，比较常用的措施有促进新能源技术开发、提高建筑设备能源利用率、改善围护结构、加强建筑节能设计等。

建筑节能的概念很早就提出了，早期的建筑节能侧重于降低能耗，主要看重能源使用量的降低。随着节能技术的发展和思想观念的革新，人们认识到降低能耗建筑舒适性之间的关系不能是对立的，要找寻二者之间的平衡点。所以，建筑节能转而重视提高能源利用率。这一观念的转变影响非常重大，说明人们开始关注建筑的舒适度、重视生活质量。

大多数研究者都认同低碳建筑和节能建筑是一致的观点，通常情况下，一个建筑在节能方面做的出色就可以被认为是低碳建筑。[①] 首先，计算绿色建筑在全生命周期内碳排放量是可行的，但是排放界定十分困难，计算的过程也非常复杂，跨行业较多，涉及的数据也较为庞大，实践难度很大，无法进行推广。所以，在大多数情况下，只计算建筑在运营管理阶段的碳排放量，这也是建筑物碳排放量最大的阶段。其次，现在已经有比较成熟的方法计算建筑物运行维护阶段的能源消耗，向外推广的条件已经成熟，通过采取节能技术和手段完全能够达到降低建筑物碳排放的目标。最后，是建筑物在运营管理阶段的碳排放量计算，大部分是为了让建筑物内保持良好的环境产生的能源消耗，如空调能耗、取暖能耗等，这些都还与建筑物外围结构的热工性能有很大关系。除此之外，建筑物内其他各类设备使用时的能源消耗也不容忽视，需要计算在内。

2. 中级阶段——高新数字化技术的应用

在高新技术应用方面，近年来比较典型的建筑类型就是绿色智慧建筑。绿色智慧建筑是在信息技术产业迅猛发展的背景下出现的，结合了物联网、云计算、高速光纤、数据中心等高新信息技术打造的全新建筑实践。绿色智慧建筑的出现

---

① 陈易.低碳建筑[M].上海：同济大学出版社，2015：19.

对城市经济发展转型、提高居住质量、促进环境保护都具有重要的意义。绿色智慧建筑是一个全新的建筑理念，将资源共享与可持续发展相结合，为人们提供一个既节能环保又便利高效的居住环境，实现了城市建设可持续发展的目标。绿色智慧建筑以信息化技术为心脏，与绿色建筑技术深入结合，目的是通过信息技术创新建筑建设模式，充分挖掘和利用建筑区域内部和周边资源，改变建筑技术和建造要求，促进建设活动的高效运转，推动绿色建筑的生态化转型，建造信息便利、节约高效、环境优美的新型现代化建筑。随着新一代信息技术的飞速发展，绿色智慧建筑已经逐渐向智慧城市领域发展，这一全新的概念正在逐渐被人们接受，并成为全球各国城市发展的新方向。近年来，欧洲多国、新加坡、韩国等国家，都加入了智慧城市的实践行列，结合自身城市环境特点和相关政策逐步建立起绿色智能城市发展体系，[①] 如新加坡的智慧国家 2025 计划、韩国的 U-Korea 发展战略等。

3. 高级阶段——智慧化与生态化技术的应用

生态建筑和可持续建筑是生态化技术在建筑领域应用的典型代表。生态建筑是指将建筑物和周围自然环境视为一个生态系统，通过合理规划和科学设计，对建筑物内部和外部各个生态元素进行科学组织和调配，使物质和能源在整个生态系统内进行有序循环，创造一个低能耗、低污染、高能源利用率的建筑生态环境。生态建筑的侧重点是整体、生态，强调通过生态学的原理和方法改善建筑生态环境。

可持续建筑是可持续发展观在建筑领域的应用和体现，强调以建筑的全生命周期都以可持续发展观为指导和原则，强调从资源消耗、能源利用、污染排放和环境保护四个方面衡量一座建筑的可持续性，重视建筑、资源、生态三者之间建立和谐的关系，关注社会、经济、自然的和谐发展。和其他类型的建筑相比，可持续建筑的突出特点是从宏观角度在建筑领域应用可持续发展观。

近年来，智慧技术和生态技术越来越多地应用于建筑领域，大有与建筑技术相融合的倾向，走向"三位一体"的融合发展道路，并在理论研究和实践探索方面都已有一些研究进展。一方面，"三位一体"的融合发展道路以保护生态为先，契合绿色发展的时代主题和全球共识；另一方面，"三位一体"的融合发展道路也是建筑领域自身的发展趋势。因此，基于智慧化术和生态技术的生态智慧建筑是指

---

① 中国城市科学研究会. 中国绿色建筑 2019[M]. 北京：中国建筑工业出版社，2019：165.

在建筑的材料、结构、设备等方面运用智能信息技术和生态技术等高新技术的建筑类型。①

以生态学的原理为建筑指导思想的基本指针，核心内容是高效节能、环境保护和智慧化、信息化，这也是生态智慧建筑的根本出发点。在建筑理论、设计方法和美学思想等方面，都能充分反映出智慧技术和生态技术等高新技术的思想。生态智慧建筑集中体现了当代科学技术发展水平和方向，并在应用实践中进一步丰富思维理念、完善工作方式、创新设计工具和工作方法，促进新的施工方式、建造方式、管理模式、空间形态的产生。在构成方法方面，生态智慧建筑更能表达出智慧技术和生态技术思想的形式和方法，具有高技术、多样性、人性化、多元化高艺术的特征。在自身发展层面上，因为生态智慧建筑具有智慧技术和生态技术的特点，并且，关键技术会随着建筑实践的不断丰富和拓展其内涵和外延，从某种意义上来看，生态智慧建筑是一个在不断丰富和拓展的开放性体系，具有不同时空、地域、气候和环境特征。

总而言之，以智慧技术和生态技术为基础与核心的生态智慧建筑，在当前代表了建筑领域最新的思潮和发展方向，传递的是乐观主义的技术价值观，倡导建筑与周围生态环境协同发展和可持续发展，②是应对当生态环境恶化下、不可再生资源匮乏的一种主动的、积极的、行之有效的策略，所以必然会成为未来建筑发展的主流方向之一。

第二节 绿色建筑与可持续发展

如前文所述，绿色建筑是在指建筑的全寿命周期内最大限度地节约资源、降低排污和保护环境，为人们创造高度适用、健康、环保的生活空间，实现人与与自然的和谐共生。这里需要注意的是，绿色建筑中的"绿色"不是单纯意义上扩大建筑绿化面积，而是要通过现代技术使建筑无污染化，对环境无害化，在建造和管理过程中，能够在尽量不破坏基本生态平衡的实现建筑的建造与管理，因此又

---

① 习近平. 习近平在参加内蒙古代表团审议时强调：坚持人民至上不断造福人民把以人民为中心的发展思想落实到各项决策部署和实际工作之中[N]. 人民日报，2020-05-23(001).

② 刘云胜. 高技术生态建筑发展历程：从高技派建筑到高技术生态建筑的演进[M]. 北京：中国建筑工业出版社，2008：274.

被称为节能环保建筑、生态建筑、可持续发展建筑、回归大自然建筑等。

一、绿色建筑实施的必要性

(一)降低能源消耗，减少环境污染和保护生态

绿色建筑为什么越来越受到重视并在社会上广泛推广呢？最直接的原因是传统建筑对于资源和生存空间有限的人类而言不是最好的选择。具体而言，建筑建造需要对土地进行清理，这个过程会对土地上的植物和生物造成巨大影响；在建筑建造过程中会造成水污染、空气污染等，释放的有害气体会加剧温室效应。传统建筑无论在建造还是管理过程中都需要消耗大量的资源，并产生大量的排放，如果放任不管，会对地球本就有限的资源和脆弱的生态环境造成极大的威胁。尽管这种建造和管理方式在短期内看不到影响，但实际上是在透支子孙后代的生存环境。为了降低对有限资源的消耗和环境污染，就需要提出一种低能耗、低污染、低排放的建筑理念和方式，绿色建筑应运而生。绿色建筑从观念、技术和方式上对传统建筑做了巨大调整和改变，转换建筑的能好方式，提高能源利用率，选择新能源，使建筑逐渐摆脱过去过分依赖传统能源的弊端，在一定程度上实现能源的自给自足。

根据沈艳忱和梅宇靖的研究发现，相比于传统建筑，绿色建筑总体上的维护费用降低了 13%，能源消耗降低了 26%，建筑使用者的满意度更高。[①] 所以，尽管在前期由于理论、技术、设备等需要逐步发展，使绿色建筑的成本比传统建筑要高，但随着研究的不断深入，各方面渐趋完善和成熟，成本大幅度降低；并且，从长远的效益来看，绿色建筑无论是在环境效益还是经济效益方面都会在未来发挥的更加出色。

(二)绿色建筑能够提供更加舒适的生活环境

人类社会离不开各式各样的建筑，大多数人一生中大部分时间都是在室内度过的，所以，室内环境的优劣与否对人的生活品质和健康有直接影响。

随着社会经济和科学技术的飞速发展，人们可以通过各种科技产品改善生活环境。如空调，能够调节室内温度，无论春夏秋冬，都可以使室内保持适宜的问

[①] 沈艳忱，梅宇靖. 绿色建筑施工管理与应用[M]. 长春：吉林科学技术出版社，2019：5.

题。但这类产品工作消耗较大，并且会排放温室气体，加剧温室效应，这种生活环境的改善是建立在经济和能源代价的前提下的，也在很大程度上使居住人与自然环境人为地分离。绿色建筑的产生就是为了转变这种局面，尽可能降低传统建筑模式环境的负面影响。绿色建筑理念关注建筑与地区气候的关系，并与地方气候特点相结合，作为绿色建筑设计的一项基本方法，即结合地方气候特征，运用建筑原理组合建筑因素，使建筑设计适应地方气候条件、满足人体的舒适要求。实际上，即便是没有现在需求量巨大的空调，大多数建筑也能满足人对健康、舒适的需求，例如，陕北地区的窑洞，因为窑洞的一部分在土地中，所以，即便室外温度在零下 20℃的时候，室内仍能保持着 15℃左右的舒适室温；再如，西双版纳干阑住宅，在夏季炎热的天气中，室内仍然能保持荫凉舒适。因此，从绿色建筑的设计理念来看，大自然是舒适环境的主要提供方，其他家电设备只发挥辅助作用。即由太阳光为室内提供大部分照明，通过空气流动调节室内温度，采暖可以从人体以及办公设备中获得通过其他自然方式补充。结合地方气候特点的绿色设计适用于多种技术层次，能够广泛推广。这种设计理念的重点在于将气候视为一种能够利用的资源，设计的一个重点在于如何充分发挥气候资源的作用，提高气候资源利用率。如果把这个原理和智能技术、信息技术、控制技术、节能技术等结合在一起，就会构成丰富多彩的绿色建筑前景。

（三）绿色建筑考虑建筑全生命周期的可持续开发

传统建筑方式通常将建筑分为几个阶段，各阶段分段管理，这种做法的优点是每个阶段都能实施最专业的的管理，但缺点是整个建筑缺乏统一的规划和统筹管理，而绿色建筑强调的是建筑建造全过程和全生命周期的低消耗、低排放和低污染，需要在立项之初就有专业统一的评估和考量，而不是将建筑拆分为不同的阶段和部分，这一点，相比于传统建筑，绿色建筑的考量更加深远和全面。

二、绿色建筑的发展前景

绿色建筑的概念并非"空穴来风"，它是建筑行业发展到一定程度后自然而然被提出的。随着人口膨胀，可用于建筑使用的土地资源更加紧缺，需要一种新的建筑形式既不降低使用条件，又能适应当前形式变化，满足可持续发展的要求。绿色建筑与传统建筑相比，其经济优势体现在建筑的全生命周期成本的降低，以及建筑附加价值的提升。降低成本的主要方式有压缩建造费用，通过设计策略降低初投资量，以及采取多重措施实现节能、减排以降低成本等方式。建筑附加价值的提升主要从市场竞争力、建筑舒适度和健康度三个方面体现。我们可以发现，仅凭技术优化和创新是无法充分发挥绿色建筑经济性优势的。无论哪种建筑活动都需要社会各方团结协作，所以，要想充分发挥绿色建筑的生态经济综合价值，就需要各群体在建筑全生命周期的协调合作，而要做到这点，少不了制度的约束性作用。

绿色建筑、绿色文化、可持续发展观三者之间存在互动关系，绿色文化和可持续发展观能够促进绿色建筑体系的构建，绿色建筑丰富了绿色文化的内容，为实现社会的可持续发展做出了重要的贡献。我国已进入了经济稳定发展时期，在过去的几十年中，经济快速增长，城市化建设取得了重大成果，建筑业也随之迅猛发展，但也对资源和环境造成严重破坏，生态问题也日益严重，对我国经济的可持续发展造成了严重的不良影响。建筑业是国民经济支柱产业，在没有完全抑制生态环境持续恶化的前提下，促进建筑业的可持续发展是十分必要的。一些发达国家和地区率先发展绿色建筑并已取较为明显的发展，与绿色建筑相关的理论、技术、材料等研究不断涌现，新的工程实践也不断出现，为全球绿色建筑的发展做出了重要贡献。近年来，我国在绿色建材和产品的生产认证方面已经做出一些规定，在高性能技术研究与开发上也有所突破，并相继颁发了权威的绿色建筑标准，建立和完善相关法规、规范和绿色建筑评估体系。经过这些年的不断发展，我们能够明显看到绿色建筑的投资费用在逐步降低，而建筑物的使用效率不断提高，绿色建筑的经济效益持续增加，尤其是大众环保意识的不断提高，都在不同程度上促进了绿色建筑的广泛发展。

绿色建筑是建筑业从黑色产业向可持续发展产业、绿色产业发展的重要途径。绿色建筑是可持续发展观在建筑业中的延伸和体现，是建筑业未来发展的趋势和方向，也是我国建筑业未来致力发展的防线，希望通过深入学习和研究相关理论、技术和材料，促进我国绿色建筑的发展，尽可能将我国建筑业从黑色产业向绿色产业、可持续产业转变的时间缩短。在这个过程中，我们要转变思想，大力推广和践行绿色建筑理念和可持续发展观，将建筑业的"绿色革命"落到实处，切实改变建筑业高能耗、高污染的建造和运行模式，全面践行绿色发展的道路。

地球是人类赖以生存的家园，人类的发展史其实就是人类在地球的生存纪事，是人类适应地球环境，进而改造地球环境的过程，可见，在人类出现和发展的漫长时间以来，地球环境变化与人类种群发展的关系越来越密切，环境变化影响了人类种群的发展，同时，人类种群的一系列活动也促进了环境的变化。从时间纵向来看，处在农耕文明时期，人类种群与环境的关系相对最为和谐，从总体上看，人类是顺应环境发展的。随着人口数量不断增减，生产工具的极大发展，特别是进入工业文明之后，人类对环境的影响越来越大，城市建设与发展、建筑等对环境产生的不良影响日益显现。人类从自然界中取得的物质原料中超过一半用于建筑及附属设施的施工建造。建筑产生的固体垃圾是全球固体垃圾总量的一半。在我国，每年就有数十万公顷的土地用于建筑开发，许多农田、森林、草地转化为建筑用地。在欧洲，每年近 50% 的能源消耗都花在了建筑建设和运营商，并且，这些能源大多数是不可再生资源。建筑建造、运行、拆除过程中都会产生大量的废弃物；而像石油、天然气等不可再生资源在运输过程中或能源转换过程中不可避免地对产生一些污染。无论是废弃物还是污染都会对环境造成不良影响，需要花费大量成本处理。建筑废弃物已经成为了世界各国都亟待解决的严重问题，特别是近几十年，世界各大主要城市发展迅速，城市建筑更新速度加快，每年新增建筑面积超过 20 亿 m^2。同时，建筑的建设规模更大，同样，能源消耗、污染排放以及建筑废弃物更多。我国建筑从总体上看使用时间都不长，20世纪的 90 年代的建筑物平均使用寿命约 30 年，这与欧洲国家建筑物上百年的使用寿命相比相差非常大。并且相比之下，我国的建筑污染也就更加严重。我国建筑物拆除方法和技术相对落后，建筑拆除的污染严重，如 2005 年后，我国建筑废弃物的年排放量就达到了数亿吨，近乎城市垃圾总量的一半。我国是全球新建筑增量最多的国家之一，无论是新建筑建造、废弃建筑拆除还是使用中建筑的运营与维护，都需要消耗大量的资源，排放大量污染。要促进建筑业的可持续发展、绿色发展，就需要在延长建筑使用寿命、降低建筑消耗和污染上多下功夫。

除了上述提到的建筑废弃物之外，光污染、热力污染和空气污染等也是与建筑相关的污染类型。国内许多的建筑为了追求设计感和美观，常选用整体玻璃或平面折光性很强的材料作为建筑的外形。这些材料确实非常美观，但会形成很强的阳光反射，形成光污染。在建筑运行过程中会排放大量的温室气体，特别是在高层建筑集中的大型生活社区、商务中心等还存在着"热岛效应"，这些污染也会严重影响人们的生活环境。生活环境不好直接影响的是人的生活质量，对日常生活、工作以及身心健康都又不利影响，并会对整个城市的生态造成威胁。因此，无论何时何地我们都要并且必须认识到节约能源资源的重要性和紧迫性，增强危机感和责任感，对于我们的建筑要坚持开发和节约并举。

第三节 绿色施工的概念与发展

一、绿色施工的概念

绿色施工是指工程建设过程中，在确保建筑质量、施工安全等基本要求的基础上，实施科学化管理和先进技术投入最大程度地降低资源消耗和对周围环境的负面影响的一系列施工活动，尽量实现节能、节地、节水、节材和环境保护（即"四节一环保"）。

第一，在临时设施建设方面，在未取得规划部门签发的相关手续之前不能再现场搭建活动房屋。在建材选择上，无论是建设单位还是施工单位都应首选能够拆卸和反复利用的高效保温隔热材料搭建临时设施，在取得规划部门的产品合格证之后才能正式投入使用。在工程竣工一个月之内，可由具备合法资质的单位拆除临时设施。

第二，在限制施工降水方面，建设单位或者施工单位应采取恰当的方法隔绝地下水进入施工区域。由于施工地区的地质结构、地下结构、底层、地下水、施工条件和施工技术等原因，采用帷幕隔水的方法尽管能够实施，但会大大增加工程投资，有些地区甚至无法采用该隔水方法。施工降水方案确定后要经由专家评审停过后方可实施，可采用管井、井点等方法。

第三，在控制施工扬尘方面，施工单位在工程土方开挖之前应按照《绿色施工管理规程》的规定，建好洗车池，安排冲洗设施，做好生活垃圾和建筑垃圾的分类与密闭存放装置，以及工地路面硬化、沙土覆盖和施工生活区的清洁美化工作。

第四，在渣土绿色运输方面，要按照相关规定，选择具备渣土消纳许可证的运输单位和具备散装货物运输车辆准运证的车辆作业。

第五，在降低声、光污染排放方面，建设单位和施工单位应合理安排工期，做好施工工期延长的调整工作，尽可能避免夜间工作。如遇特殊原因需在夜间施工，必须先在施工地区所在建委办理夜间施工许可证。夜间施工过程中，应采用措施降低噪声和强光对周边居民生活的影响。

施工阶段是建筑全寿命周期中的重要阶段，是实现建筑节能减排和资源消耗的重要环节。绿色施工就是在保证施工安全和建设质量的基础上，运用科学管理办法、先进施工技术和环保建筑材料，尽最大可能降低施工过程对资源的消耗和对环境的影响，实现"四节一环保"。实施绿色施工要结合当地的实际情况，严格遵守国家、地方和行业的相关标准、技术规定和经济政策。绿色施工是可持续发展理念在建筑工程施工环节中的体现和具体应用，它涉及施工环节的方方面面，既包括在施工过程中做好封闭措施，尽可能降低噪声、强光对周围居民的影响，还包括对施工场地周围生态环境的保护，提高资源的利用率。

工业是国民经济支柱，为我国的经济飞速发展做出了巨大贡献。从近年来建筑业的总体发展来看，产业规模有所扩大，产业结构进一步升级调整，产业素质有明显提高，基本上呈现良好的发展趋势。在形势背景下促进建筑业可持续发展是世界各国都在关注的问题，而实施绿色施工，可以为建设资源节约型、环境友好型社会做出应有贡献。

二、绿色施工与传统施工的区别

（一）施工目标不同

20 世纪 80 年代，我国逐步建立市场经济体制，建筑施工从建筑产品生产逐渐向建筑商品生产转化，施工企业为了实现更大的收益开始意识到控制施工成本的重要性，并在具体的施工项目中增加了对成本控制的要求。所以，施工企业增强自身市场竞争力，在保证施工安全、工程质量和工期等目标的基础上，还要进一步控制施工成本。在市场经济条件下谋求发展的现实就是施工企业必须尽可能获取更高的利润。绿色施工要求项目施工在严格遵守国家、地区和行业标准的前提下，在保障施工安全、工程质量和工期目标的基础上，最大限度地控制资源消耗和污染排放，这是绿色施工的目标要求，也是可持续发展的时代要求。然而，施工控制目标的数量越大，对施工技术方法的选择和施工管理的要求就越高，施工成本越高，工程项目的控制就越难把握。同时，为了最大限度地降低资源消耗和污染排放，也会增加施工成本，施工企业的亏损压力也越高。

（二）"节约"的程度不同

绿色施工倡导"四节一环保"，其主张的"节约"和传统意义讲的"节约"并不完全相同，主要不同之处表现为以下四点。

第一，出发点不同。绿色施工强调的是在保护施工区域生态环境的基础上节约资源，控制施工成本，实现利益最大化。

第二，着眼点不同。绿色施工倡导的是节约建材、节约水资源、节约能源、节约土地资源，通过提高资源利用率达到保护资源的目的，并不是以控制施工成本获取最大盈利为目的。

第三，效果不同。绿色施工的"节约"对施工的要求更高、更多，需要对稀缺资源实施必要的保护性措施，往往会增加施工成本。

第四，效益观不同。尽管绿色施工可能会导致施工成本的提高，但绿色施工能够有效节约稀缺资源，长远的社会效益更高。

从上述四点我们可以发现，绿色施工倡导"节约"并不是传统意义上的控制成本，实现施工企业利益的最大化，而是以保护资源为目的的节约，在这个过程中反而会因为一些必要的资源保护措施增加施工成本。可见，绿色施工的节约并非单纯意义上的成本控制，而是对资源的有效管理与控制。这种做法毫无疑问会增加施工企业的压力和亏损风险，但却有效提高了长远环境收益和社会收益，获得了国家整体环境治理的"大收益"。

三、我国绿色施工发展的总体状况

科学发展观中提出的可持续发展理念是世界各国未来发展的方向，并渗透于建筑领域，对建筑工程领域的发展产生了巨大影响。绿色施工作为建筑工程中能够实现可持续发展理念的重要环节，建筑施工已被建筑业和社会相关各界看成是建筑施工未来新的发展方向。近年来，我国绿色施工研究较为广泛的是工业化和一体化发展两个方面。

绿色施工工业化是借鉴了西方国家的建筑工业化发展，将建筑看成是工业产品，会设计统一的建筑结构形式，搭配配套的标准构建，通过现代技术工艺实现大批量生产，然后在具体施工中使用机械化工具实现快速安装。工业化能够大大提高施工效率，缩短施工工期，并且作业施工方也能有效节约资源，实现环境保护。工业化施工是近年来国内施工技术研究的热门话题，也出现了一些推行工业化施工技术的企业，大大促进了我国建筑工业化的发展。通常结构施工会采用制装配式的方式，如外墙墙板、楼梯的成品构件、阳台叠合板、楼板的叠合板等都可以在工厂批量生产，做好后在现场直接安装即可。此外，外墙装饰、门框、窗框等都能在工厂预制，不需要在施工现场铺贴和安装，能够节约大量的劳动力，缩短工期，对环境污染也降低很多，并且生产模具和安装设备还能反复利用。

绿色施工一体化是指，大多数建筑工序，甚至全部建筑工序都使用一台工程机械完成，能够大大减少进场作业的机械的品种和数量，从而节约了工序和交接的时间，缩短了工期，降低对周围环境的污染。但是，一体化施工相比于工业化施工，对操作人员素质要求更高，和工业化施工相比，发展稍逊一筹。

(一)绿色施工开展存在问题及原因分析

其实，绿色施工并不是一个全新的概念，早在 2006 年以前建筑行业内就有这个概念，但那时并没有权威的标准或规定提出，但在那一时期，许多标注性工程和样板工程已有应用实践。然而，经过进二十年的发展，尽管绿色施工的概念已被熟知，相应的技术和应用也很多，但整体推广仍稍显不足，缺乏更有深度的研究。在施工工程中，许多开发商和施工方处于市场竞争的原因"被动"选择绿色施工，既能相应国家号召，满足社会和民众对环境保护的关心，又能提高企业形象，提升产品价值。然而，对于这种绿色施工的推广，目前还存在广度和深度的不足，开发商和施工方在激烈的竞争中往往被动的开展绿色施工，一方面是为了响应政府号召、满足社会各界对生活环境的保护和关心，另一方面为了保持企业自身形象而采取一些绿色施工措施，这些往往都是被动的、消极的，大多数企业一般是在监管部门严格要求或对周围居民影响特别大时才会实施有效果的措施。

造成这种现象的原因是多方面的，大致包括经济成本、对绿色施工理解不足、监管制度不完善等，首先，最主要的原因是成本，多数施工单位的工作是以获取最大利润为目标，而一些现代化的绿色施工技术需要的设备案例，如无声振捣棒，节水省电装置的价格较高，增加成本无疑是施工单位最不愿做的事，所以目前所采用的绿色施工技术一般都局限于封闭施工、帷幕防护等一些不大幅增加成本的工作上，还有混乱的发包方式和盲目竞争也使得一些单位不得已压缩成本，但从长远角度讲，通过绿色施工技术不仅没有增加成本反而通过长期使用而降低了成本，这些只是绿色施工技术的一小部分，建筑垃圾回收利用以及现在比较热门的工业一体化都属于绿色施工的范围，此种状况也是对绿色施工技术了解不全面的一种表现，究其根本原因，是建筑相关方对环境保护以及节约资源认识的不足，环保意识还停留在口头和文字上，社会整体的环保意识还处于较低层次，这与我国的传统文化意识也有一定关系，整个社会对政府依赖性太强，认为环保应该是政府的工作而不是个人的行为，也就使得人们环保意识不足，意识不到保护环境的必要，增加成本也就得不到支持。除此之外，制度监管不到位也是影响绿色施工技术进步的一个不可忽视因素。新推出的政策由于缺乏严格的制度支持，受利益驱动影响，推广和普及的难度较大，并且缺乏统一标准，也为监管部门监督、执法造成不便。在提出硬性指标和标准的过程中，国外的成功经验十分值得我们仔细思考，为我国绿色施工制度建设打开思路。

（二）绿色施工的未来发展

在全球物质资源日益紧缺，人们越来越关注环境保护的大背景下，绿色施工技术是世界各国都亟待开发研究的课题，随着新技术、新研究成果的出现，势必会在工程领域中逐渐应用和普及，绿色施工技术覆盖的范围会越来越大，不仅能在节水、节电、降噪方面发挥功效，也会慢慢触及一些新兴绿色施工领域。

建筑工业化是目前前景最被看好，也是最符合现代绿色施工理念的一种技术，成套设计的建筑构件在工厂生产完成，只要将制作好的构件在现场安装再进行少量加工即可完成施工内容，技术较为先进的建筑工业化产品完全可以摒弃现场湿作业只进行拼装和少量干作业，这样不仅可以节省工期，减少现场施工造成的材料浪费，而且还能改善施工人员的作业环境和对周围生态和居民的影响。目前国内的建筑工业化技术还有待进一步开发，而应用到实际工程的也只有少量的混凝土预制墙板等，还需要现场施工辅助，但即使这样也大大缩短了施工工期。相信随着国内工业水平的不断提高和经济的不断发展，未来建筑应用工业化产品进行快速施工将成为一种必然的趋势。

再生混凝土在国外应用时间较长，也比较广泛，主要用于路面、桥梁和机场跑道、也有采用再生混凝土建设的住宅，目前在国内也是一个较受关注的课题，如新型模板脚手架技术，这也是国内亟待研究的课题，但由于低价竞争使得这个课题研究进展缓慢，在未来绿色施工技术慢慢普及开始时，工业化、绿色模板脚手架技术也将慢慢普及开。

第四节　绿色建筑理念下建筑
工程的发展与展望

可持续发展是 21 世纪全球共同发展的主题，可持续的科学发展观对建筑领域而言，就是转变建筑发展模式，从过去高消耗型发展模式向高效生态型发展模式转变。绿色建筑行业走向可持续发展的必经之路，也是世界各国建筑行业发展的必然趋势。绿色建筑一方面致力于为人们创造一个更为健康、舒适的建筑空间，另一方面追求资源、能源的高效率用，尽可能降低建筑对环境的影响。绿色建筑是一种以人为本的建筑，是实现人与自然、建筑与自然和谐统一的重要方式。本章将从绿色建筑的发展战略和未来发展两方面进行深入探讨。

一、绿色建筑工程的发展战略

（一）健全完善绿色建筑法规体系

规范绿色建筑执行标准，健全绿色建筑法律法规，为绿色建筑发展提供强有力的制度保障。在行业标准和执行标准方面，应从建筑设计到建筑施工、工程验收、质量检测、制度运行等多个方面明确标准，强化施工管理。在法律法规方面，制订新建建筑及老建筑升级改造标准，强制执行节能设计标准。政府相关部门应组织行业专家对各地建筑节能计划的实施情况做定期检查，对于不达标的有关单位予以罚款、曝光、限制进入市场、资质处置等各种处罚。绿色建筑的发展对地区发展意义重大，但绿色建筑的经济效益和社会效益并不能在短时间内体现出来，对于开发商而言，绿色建筑意味着更高的投入，这也是许多开放商对绿色建筑"犹豫不决"的地方，因此，政府应出台相应政策进行市场引导，如政府奖励、减免税收等，推动绿色建筑的发展。

（二）建立绿色建筑评价体系

国家应建立建筑用能产品能效分级认证体系，实施能效标识管理制度，提高建筑用能产品的质量。加快推行绿色建筑性能评级制度和建筑能耗评级制度，对节能效果表现优秀的建筑颁发特殊标识，成为绿色节能示范建筑；在绿色节能示范建筑有效运行一定年限后，通过严格科学的评价办法进行建筑评级，评级优异者可由国家颁发绿色建筑奖励称号，在全国范围内进行示范推广，使示范建筑真正起到引领建筑节能技术潮流的作用。

（三）利用先进技术推动绿色节能建筑发展

为促进我国绿色建筑的发展，我们应充分借鉴发达国家绿色建筑的发展方法和经验教训，结合我国实际情况，实现自主创新，走出一条符合中国国情的、具有中国特色的绿色建筑发展道路。在绿色建筑施工技术、节能技术、施工设备、节能材料和新能源开发方面予以重点支持，充分利用建筑智能技术改善建筑空间的环境质量，提高建筑空间的实用性和舒适感，降低建筑能耗。

二、绿色建筑工程的未来展望

绿色建筑如今的发展态势，是未来城市环境对建筑自身发展的要求，也是可持续发展的必然需求，从国内外绿色建筑领域的研究和判断，我国绿色建筑行业的发展有以下三个趋势。

（一）从绿色建筑到生态城市

随着可持续发展的思想逐渐成熟，人们对绿色建筑的关注已经从单体建筑的"绿色"发展到绿色建筑群乃至生态城市的建设。绿色建筑的发展使建筑的视野大大扩展。

如今绿色建筑关注的是建筑的全寿命周期中的绿色程度。从各种绿色建筑的评价标准体系中也可以发现，绿色建筑的评价已经从建筑本身设计、建造、运营等环节扩大到对建筑周边环境的关注。这也就是说只关注独立的绿色建筑，而不对建筑之外的活动，如交通等进行评估，就无法做到真正的绿色控制。绿色建筑是生态城市的基本组成单元之一，生态城市是绿色建筑的有机延伸。城市层面的绿色整合解决方案决定了绿色建筑和城市各种要素能否在更大层面上形成合力，实现城市社会的可持续发展。

（二）我国传统智慧与现代科技的融合

绿色建筑未来的发展，不仅需要创新，也需要传承；不仅是新材料新技术在建筑全寿命周期中的应用，也是对传统文化、生活方式等非物质内容的传承和遵循。建筑作为我国历史文化中的重要一部分，其承载的是中华民族数千年经验的累积。这些积累在可持续发展上亦有其内在的价值，其价值很多尚待认识和发掘。

欧美发达国家的绿色建筑体系多以"高技"为目标，甚至出现了追求高新技术堆积而忽视使用者舒适度的倾向。我国绿色建筑的发展，经历了对这些所谓"先进""高技"绿色建筑体系从崇拜到反思的过程。进入 20 世纪 90 年代，人们逐渐意识到绿色建筑并非一定是最新的技术、最贵的技术，而更应该是因地制宜、与自然融合的建筑技术和产品。

在近年全球最大的绿色建筑盛会之一的上海世博会上，我们不仅看到世界范围内最新的建筑技术实验，尤其是新材料采用与新系统的示范，同时也看到从我国传统建筑中汲取的"低碳智慧"，如我国的出挑自遮阳设计、主题馆的老虎窗、沪上生态家的再生砖等，都获得了一致的好评。由此可见，这些从我国"天人合一、适宜朴素"的传统文化价值观出发的低成本、被动式设计技术也将成为未来的发展重点。

（三）新建建筑的绿色设计与既有建筑的绿色改造相结合

绿色建筑包括两类基本对象，一类是需要进行绿色生态建造的新建建筑，另一类是需要进行绿色生态改造的既有建筑。绿色建筑是近几十年来随着可持续发展理念才出现的新需求。我国针对新建建筑的绿色设计已经有了很大的发展，其规范标准也相对较为成熟，而针对既有建筑绿色改造的相关规范和标准还亟待进步，因此我们必须下大力气对既有建筑进行节能改造。在世界城市化已经超过50％，我国城市化率也接近50％的宏观发展背景下，如何使用尽可能小的物耗能耗最大限度地降低既有建筑使用能耗水平，是与绿色建筑设计同样重要的一大议题，并且对于绿色建筑和生态城市的发展更具现实意义。

第二章

绿色施工
基础技术

第一节　太阳能与建筑一体化应用技术

一、太阳能及其利用原理

（一）我国的太阳能资源

对于地球而言，太阳是一个取之不尽用之不竭的巨大能量源，每秒钟为地球提供的能量相当于 500 万 t 的标准煤。

我国是太阳能能源丰富的国家。全国总面积 2/3 以上地区年日照数大于 2 000 h，辐射总量在 3340～8 360 MJ/m²，相当于 110～280 kg 标准煤的热量。全国陆地面积每年接受的太阳辐射能约等于 2.4 万亿吨标准煤。如果将这些太阳能有效利用，对于减少二氧化碳排放，保护生态环境，在地球能源日益紧张的今天，太阳能源这种既环保又可再生的能源毫无疑问会越来越受到重视。我国政府十分重视太阳能、风能等可再生能源的发展。并且，随着太阳能技术的不断提高，应用范围也越来越广泛，太阳能建筑一体化的概念被提出并在实践中得到应用。

（二）太阳能利用原理

太阳能利用的基本形式分为被动式和主动式。被动式的工作机理主要是"温室效应"。它是一种完全通过建筑朝向和周围环境的合理布置，内部空间和外部形体的巧妙处理以及材料、结构的恰当选择、集取、蓄存、分配太阳热能的建筑，如被动式太阳房。主动式即全部或部分应用太阳能光电和光热新技术为建筑提供能源。应用比较广泛的太阳能利用技术有以下几种。

1. 太阳能热水系统

应用太阳能集热器可组成集中式或分户式太阳能热水系统为用户提供生活热水，目前在国内该技术最成熟，应用最广泛。

太阳能热水器理论上是一次投资，使用不花钱。实际上这是不可能的，因为无论任何地方，每年都有阴云雨雪天气以及冬季日照不足天气。在此气候下主要靠电加热制热水(也有一些产品是靠燃气加热)，每年平均有 25%～50% 以上的热水需要完全靠电加热(地区之间不尽相同,阴天多的地区实际耗电量还要大。上海地区近三年的统计数据表明,平均每年阴雨天高达 67%,热水器 70% 的热能来自电或者燃气)。这样一来太阳能热水器实际耗电量比热泵热水器大。此外,敷设在太阳能热水器室外管路上的"电热防冻带(只在北方地区有)",也要消耗大量电能。因此,选用时应综合考虑。

2. 太阳能光电系统

应用太阳能光伏电池、蓄电、逆变、控制、并网等设备,可构成太阳能光电系统。光电电池的主要优点是:可以与外装饰材料结合使用,运行时不产生噪声和废气;光电板的质量很轻,他们可以随时间按照射的角度转动;同时太阳能光电板优美的外观,具有特殊的装饰效果,更赋予建筑物鲜明的现代科技色彩。

目前,光电池和建筑围护结构一体化设计是光电利用技术的发展方向,它能使建筑物从单纯的耗能型转变为供能型。产生的电能可独立存储,也可以并网应用。并网式适合于已有电网供电的用户,当产生的电量大于用户需求时,多余的电量可以输送到电网,反之可以提供给用户。

光电技术产品还有太阳能室外照明灯、信息显示屏、信号灯等。目前光电池面临的一大难题是成本较高,但随着应用的增加,会大幅度降低生产成本。我国已经开展了晶硅高效电池、非晶硅和多晶硅薄膜电池等光电池以及光伏发电系统的研制,并建成了千瓦级的独立和并网的光伏示范项目。

建筑的太阳能光电利用在充分利用太阳能的同时,改善了建筑室内环境和外部形象,节省了常规能源的消耗,同时还减少了二氧化碳等有害气体排放,对保护环境也有突出贡献。太阳能光电利用的效益评价决不能仅仅局限于眼前的经济效益,应该充分考虑这种对未来改造所产生的社会和环境效益(后者甚至比前者更重要)。应充分认识太阳能光电利用的战略意义。

3. 太阳墙采暖通风技术

太阳墙采暖通风技术的原理是建筑将南向"多余"的太阳能收集起来加热空气,再由风机通过管道系统将加热的空气送至北向房间,达到采暖通风的效果。

太阳墙系统由集热和气流输送两部分系统组成,房间是蓄热器。集热系统包括垂直墙板、遮雨板和支撑框架。气流输送系统包括风机和管道。太阳墙板材覆于建筑外墙的外侧,上面开有大量密布的小孔,与墙体的间距由计算决定,一般在 200 mm 左右,形成的空腔与建筑内部通风系统的管道相连,管道中设置风机,用于抽取空腔内的空气。太阳墙系统构造如图 2-1 所示。

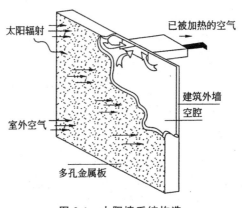

太阳辐射

已被加热的空气

建筑外墙

空腔

室外空气

多孔金属板

图 2-1　太阳墙系统构造

二、太阳能与建筑一体化的概念

太阳能建筑一体化是将太阳能利用系统与建筑物部分功能相结合，使其成为建筑中必备的一部分，而不是独立于建筑之外的节能系统。传统建筑设计会消耗巨大的能源，每年建筑能耗可占全国总能耗的四成，在一些气候较为特殊的地区，甚至能达到地区年能耗的五成。可见，实现建筑节能对节约资源、降低能耗十分重要。传统的建筑节能手段以建筑保温、隔热为主，然而实际节能收效不太明显。太阳能一体化设计的应用是当下建筑节能的巨大提高，可使建筑提高对太阳能的利用率，在一定程度上缓解了建筑对能源需求巨大的问题。

（一）太阳能建筑一体化技术的特征

太阳能建筑一体化技术的特征主要体现在以下四个方面。第一，太阳能系统与建筑全面结合，太阳能设备和建筑中的各构件相匹配，相比于装备独立节能系统的建筑而言，建筑结构更加合理，有效提高了建筑质量；第二，太阳能利用系统可与建筑材料相匹配，有效地使用建筑构件，形成多种建筑空间，节约建筑建造成本，减少建筑负荷。第三，太阳能利用系统可在建筑建造过程中同步安装，即便在施工后期安装，也不会对原有建筑结构造成损坏，更不会对用户造成不便。如果是集体安装，还便于平衡设备载荷，提供使用效率；第四，经过一体化设计和统一安装的太阳能利用系统，有利于形成较好的建筑外观。

（二）太阳能建筑一体化技术的适用对象

太阳能建筑一体化技术主要适用于下述几种场合：第一，适用于对城市风貌要求较高的城市，经过一体化设计和统一安装的太阳能利用系统精致雅观，不会损害城市形象。第二，适用于居住小区、花园别墅、高楼大厦等。第三，适用于新建住宅太阳能设备集中安装，或者旧建筑改造项目中的节能建筑。第四，适用于将太阳能利用系统已经纳入设计范畴，并与建筑本体进行同期规划设计与布局的建筑。

（三）我国太阳能建筑一体化的发展趋势

我国建筑能源消耗主要在建筑物内温度的调节上，约占建筑物总能耗的七成。然而，太阳能应用理论在我国提出得比较晚，目前还没有形成成熟的理论研究，在大规模城市工程项目中的实践不多，并且不能完全借鉴国外太阳能一体化设计方案。太阳能一体化设计应根据建筑类型、空间功能、空间形式等情况做出具体设计，才能有效地大幅度降低太阳能技术装置的初期投入和后期运营、维护成本，提高太阳能建筑一体化设计的经济效益。

太阳能装置最主要的特点是对光照条件和气候条件的依赖性较强，因此，设计师必须准确估算出建筑耗能荷载，才能做出节能效果最好、投资成本合理的设计方案，使节能设备和建筑结构相互结合。当下我国太阳能建筑一体化技术要想取得良好发展，就需要采用合理科学的技术策略。第一，可考虑综合运用主动式技术与被动式技术，即将太阳能光伏技术与建筑被动式技术相结合的技术；第二，将太阳能装置与建筑遮阳构件相结合，使一套设备同时具备集热和遮阳两种功能，同时，在建筑设计中融合传统建筑构造原理，综合考虑建筑施工前期投入成本和设备运维成本；第三，要结合地区经济发展情况、气候特点、建筑特征、用户生活习惯等因素综合考虑设计方案与策略。

我国是太阳辐射量比较充足的国家，为了实现建筑可持续发展，需要不断探索绿色环保资源和可再生资源，我们应该加大对太阳能作为主要研究和利用的对象，充分利用我国充足的太阳辐射量，推动我国太阳能建筑一体化的研究与实践，并形成具有普适性的标准和规范，进一步实现建筑的可持续性发展。

三、主要技术内容

太阳能建筑一体化技术是指在设计阶段，通过建筑墙面架构、外墙、阳台、遮阳等结构纳入太阳能利用系统，成为建筑结构体系中不可缺少的一部分。太阳能建筑一体化可分为光热一体化和光电一体化。

光热一体化是一种将太阳能源转化为热能的技术，建筑上直接利用的方式主要有四种，用太阳能热水器提供生活用热水；太阳能空气集热器进行供暖；太阳能加热空气产生热压从而促进建筑通风；运用储热原理的间接加热式被动太阳房等。

光电一体化是指通过太阳能电池在白天的时候将太阳能转化为电能，储存在蓄电池中，晚上进行放电提供照明或满足其他用电需求。光电池组件由多晶硅单体电池或多个单晶硅电池串并联组成，主要作用是将太阳能转化为电能。

四、技术指标

(1)太阳能与建筑光热一体化，按《民用建筑太阳能热水系统应用技术规范》和《太阳能供热采暖工程技术规范》技术要求进行。

(2)太阳能与建筑光电一体化按《民用建筑太阳能光伏系统应用技术规范技术要求进行。

第二节　施工过程水回收利用技术

全世界的淡水资源仅占地球上总水源的 2％。2005 年，发展中国家近 1/3 的人口将居住在严重缺水的地区。随着经济发展和人口持续增加，人类活动对水资源的干扰程度日益严重。水资源缺乏、地下水严重超采、水务基础设施建设相对滞后、再生水利用程度低等问题日益凸显，水资源供需矛盾更加突出。

一些国家较早认识到施工过程中的水回收、废水资源化的重大战略意义，为开展水回收再利用积累了丰富的经验。美国、加拿大等国家的水回收再利用实施法规涵盖了实践的各个方面，如回收水再利用的要求和过程、回收水再利用的法规和环保指导性意见。目前，我国在水回收利用方面还没有专门的法规，只有节约用水方面的规定，如《中华人民共和国水法》提出了提高水的重复利用率，鼓励使用再生水，提高污水、废水再生利用率的原则规定。

一、水回收主要技术内容

基坑施工降水回收利用技术通常包含两种技术，一种是通过自渗原理使滞水逐渐引渗到潜水层中，以此让大部分水资源重新回灌到地下的技术；另一种是抽取降水并集中储存，经过渗透、过滤等降污处理后成为建筑生活用水，入冲洗厕所、浇灌植物、洒水控尘等，水质达到较高要求的还可用于基坑支护用水和结构养护用水，如土钉孔灌注水泥浆液用水、钉墙支护用水、现场砌筑抹灰施工用水、混凝土试块养护用水等。该技术主要适用于地下水面埋藏较浅的地区。使用该技术的典型建筑有清华大学环境能源楼工程、中关村金融中心、威盛大厦工程等。

二、技术指标

1. 基坑涌水量

$$Q_0 = \frac{1.366K_1(2H-S)}{\lg R_0/r_0}$$

式中，Q_0——基坑涌水量（m^3/d），按照最不利条件下的计算最大流量；

K——含水层渗透系数（m/d）；

H——含水层厚度（m）；

S——降深（m）；

R_0——影响半径（m），

r_0——基坑换算半径（m）。

2. 降水井出水能力

$$q_0 = \frac{l_1 d}{\alpha'} \times 24$$

式中，q_0——单井渗水量（m^3/d）；

l_1——进水管高度（m）；

d——进水管直径（m）；

α'——与含水层渗透系数有关经验系数（经验系数取值范围30～130）。

3. 现场生活用水量

$$q_1 = P_1 N_1 K_2$$

式中，q_1——现场生活用水量（m^3/d）；

P_1——生活区居民人数；

N_1——生活区昼夜生活用水定额（$m^3/(人 \cdot d)$）；

K_2——生活区用水不均衡系数；取2.5。

4. 现场洒水控制扬尘用水量

$$q_2 = K_3 St$$

式中，q_2——现场洒水控制扬尘用水量（m^3/d）；

K_3——用水定量；取 $0.15m^3/km^2$；

S——施工现场洒水控制扬尘面积（km^2）；

t——每天洒水次数。

5. 施工砌筑抹灰用水量为

$$q_3 = K_4 \sum \frac{Q_i N_i}{T_1 t} K_5$$

式中，q_3——施工砌筑抹灰用水量（m^3/d）；

K_4——未预计的施工用水系数；取 1.15；

K_5——用水不均衡系数；取 1.5；

Q_i——每天施工工程量；

N_1——每 m^3 砖砌体耗水量（$0.2 \sim 0.22m^3$）；

每 m^2 抹灰耗水量（$0.01 \sim 0.015m^3$）。

6. 基坑降水回收利用率为

$$R = K_6 \frac{Q_1 + q_1 + q_2 + q_3}{Q_0} \times 100\%$$

式中，Q_1——回灌至地下的水量（根据地质情况及试验确定）；

K_6——损失系数；取 $0.85 \sim 0.95$。

第三节　工业废渣及（空心）砌块应用技术

工业废渣及（空心）砌块应用技术是指将工业废渣回收利用制作成建筑材料投入建设工程使用的技术。工业废渣用于建设工程的类型很多，本书中只介绍两种，一种是以建筑废渣为主要原料加工制成的粉煤灰实心砖、清水墙砖等；另一种是磷铵厂和磷酸氢钙厂产生的废渣，可制成磷石膏盲孔砖、磷石膏标砖、磷石膏砌块等。

一、工业废渣、砌块主要技术内容

粉煤灰小型空心砌块是由水泥、粉煤灰以及各种轻重集料等为原料，加入水或外加剂拌合而成的小型空心砌块。需要注意的是，水泥用量至少为原材料重量的 10%，粉煤灰用量至少为原材料重量的 20%

在建筑施工过程中，建筑材料的损耗、浪费都比较严重，材料的实际消耗量往往超出计划消耗量很多，这些超出的消耗量就是浪费的部分，会增加建筑施工成本，降低经济效益。建筑材料无法实现百分之百的应用率，使用后剩下大量建筑废渣。需要注意的是，建筑废渣不是具体只某个种类，而是笼统的概念，如混凝土块、砖头、木材、钢筋以及其他杂物等，都属于建筑废渣。我国大部分建筑的主要建材是砖（砌块）和混凝土，因此，建筑废渣大多为砖（砌块）头和混凝土。只要是建筑施工就会产生建筑废渣，施工面积与产生的建筑废渣的体积之间存在一定的比例关系，施工面积越大，产生的建筑废渣越多。

（一）建筑废渣再生综合利用的原理

通常情况下，建筑废渣中都有混凝土块、砖头、水泥砂浆等稳定性较高的非金属无机物，它们强度较高，经过加工处理后会形成砂样颗粒，这些砂样颗粒可以作为代砂用于配制各种拌和物，代砂的使用效果与原砂高度相似。建筑废渣再利用需经过破碎系统的分选成为再生骨料，可用于混凝土垫层、路面铺设，也可用于为现场屋面找坡层，或加工成环保型免烧透水砖。

（二）建筑废渣再生综合利用的加工过程

建筑废渣再生综合利用的加工可根据建筑废渣的类型分为三个类型，无论是哪种加工类型，前期收集废渣、晾晒、筛拣的过程大致相同，之后的加工过程存在差异。第一种加工类型：仅筛除废渣中的杂物，分离出的杂物不会进行再生综合利用。第二种加工类型：筛除废渣中的杂物和砖头，之后进行破碎形成混合砂。第三种加工类型：筛拣出杂物中的砖头进行破碎，形成纯砂和碎石。

无论采用何种加工类型，都需注意以下几点：第一，收集完建筑废渣后应堆放在专门位置；第二，废渣应充分晾晒，确保废渣具有干透性，这是因为废渣中含水量较高会影响后续的筛拣和破碎；第三，必须进行过筛分拣，这一步骤主要是为了分离出废渣中的木材、钢筋、转头等杂物，方便后续采取不同类型的再加工技术。第四，加工前必须进行破碎，形成碎石或纯砂。注意：要根据实际情况选择破碎机的型号，砖头和废渣不能同时破碎，前者可加工成纯砂，后者可加工成混合砂。

二、技术指标

磷石膏砖技术指标参照《蒸压灰砂空心砖》的技术性能要求；粉煤灰小型空心

砌块的性能应满足《粉煤灰混凝土小型空心砌块》的技术要求；粉煤灰砖的性能应满足《粉煤灰砖》的技术要求。

磷石膏砖适用于砌块结构建筑施工，主要用于建筑内填充墙和非承重墙外墙。粉煤灰小型空心砌块适用于一般民用建筑和工业建筑，特别是多层建筑的承重墙体和框架结构填充墙。

三、清水墙砖烧制及施工砌筑技术要点

（一）清水砖及其墙体特点

清水砖的保温效果较好，耐腐蚀性较强，耐久性强，可作为承重墙体材料，具有良好的装饰性，可以通过砖雕的形式砌筑出立体的图案。清水砖的色调种类多，可根据装饰需要自由搭配，并能呈现出自然的装饰之感。清水砖主要是由天然黏土类矿物制成的，与自然土壤环境相容性更好。

（二）清水砖墙施工砌筑技术要点

清水砖和普通砖相比，前者的吸水率只有后者的一半，因此，不能将清水砖浸泡在水中。如果在炎热、干燥的环境中，可在砌筑前通过喷洒的方式将砖面轻微喷湿，避免因干燥使砂浆渗透到砖的装饰面形成泛霜，影响装饰效果。

砌筑顶层和底层时以清水砖在砌筑摆底砖时，应确保拉结件在灰缝高度正中间的位置，满足错缝搭接的要求，合理排出灰缝的宽度。砂浆选择应满足一定的强度等级要求，如强度等级不小于 M7.5 的水泥混合砂浆、强度等级不小于 M10 的水泥砂浆。为避免清水砖面出现盐析现象，因关闭面使用含有可溶性盐的砂浆外加剂，以低碱性、稠度为 60～80 mm 的半干砂浆为宜。在砌筑清水砖过程中应严格按照施工管理要求，避免砂浆沾到清水砖面上，如果不慎沾上，可静置 3～4 h，待砂浆干燥后用刷子清扫下去，避免破坏砖面，影响美观效果。避免降雨、漏水等造成清水砖孔洞内积水，造成砖面泛霜，或将砂浆冲刷到砖面，因此，每天需将砌筑好的砖墙用防雨布盖住。为防止墙面泛碱、受潮，可在墙体上刷有机硅涂料，增强砖面的防水性、防尘性性和耐久性。勾缝剂最好选择吸水率低的黑色干粉砂浆，勾缝应横平竖直、密实、丰满，如此才能保证墙面的美观效果。砌筑时注意区分清水砖的装饰面和非装饰面。

（三）工艺流程

清水砖的尺寸规整、公差小、强度高，砌筑时对施工人员的技术要求比较高。清水砖的烧制方法可参考黏土质耐火砖、高铝质耐火砖普遍采用的压制成型的方法，本书介绍的是用压制薄片的方法模拟清水墙砖的制备。普通烧结砖通常采用挤压成型的烧制方法，但是挤压成型技术采用的泥料水分较高，加工后需要排出湿坯中的水分，会消耗更多的能量。并且，压制成型要求生坯混合料具备一定的粘结性，通常要求坯料含水率应控制在 3% 以内，如此才能保证成型效率，控制干燥能耗。本书介绍的方法是以尾矿废渣和建筑垃圾为主要原料，因为这些原料的塑性指数比较低，比较适合采用压制成型的方法。成型压力 5 MPa，烧成温度 950～1 200℃、保温 1～2 h。

清水墙砖的制备工艺流程是：建筑垃圾、城市建设弃土等原料＋结合剂→底料、面料分别进行配料称量→分别混合研磨→投底基层坯料＋投面层化妆土→干压成型→干燥→烧成→成品。

清水砖的抗压强度比普通的烧结砖更高，可超过 40 Mpa。同时，相比于玻璃、瓷质砖和金属饰面板，清水砖的气孔率更高，隔音性能好，导热系数低，保温性强。相比于普通烧结砖，清水砖的烧结程度更高、耐久性更好、冻融损失更小。清水砖的色泽可根据废渣和尾矿的情况进行变化，并且同一个配发给和物料系统产品的均一性好。清水砖的呼吸功能较好，因此清水砖墙能够更好地调节室内温度和湿度，创造更好的室内环境。由于清水砖具备保温、防火的优良性能，在砌筑后无需再进行保温和墙面装饰，能大大缩减施工时间，提高工作效率。并且，清水砖还具备较强的耐酸碱腐蚀性、耐雨水霜冻侵蚀，能降低养护成本，提升建筑综合效益。

第四节　植生混凝土

科学技术在推动人类文明进步的同时，也在无情地破坏人类和其他生物赖以生存的共同家园。在水利、交通、能源、城市扩张等开发行为中，自然地形、地貌及原有植被覆盖层被破坏，导致水土流失、局部小气候被改变及生物链被切断。面对日益恶化的生态环境形势，人类迫切需要找到既能用于建筑建造，又能服务于生态保护的建筑材料。混凝土从发现至今已经成为人类目前用量最大的建筑材料，为人们生活质量的提高做出了巨大的贡献，但与此同时混凝土的生产，消耗了大量的能源、资源，排放了大量的废水、废渣、废气，为了降低混凝土生产时不利因素的影响，越来越多的新型混凝土走入市场，植生混凝土就是其中之一。植生混凝土在保持混凝土原有功能优势的前提下，增加了生态功能，如绿化、保土、换能等。植生混凝土，简称植被混凝土，又名"生态混凝土""绿化混凝土"等。植生混凝土就是通过材料筛选、添加功能性添加剂、采用特殊工艺制造出来的具有特殊结构与功能、能减少环境负荷、提高与生态环境的协调性，并能为环保做出贡献的混凝土。

一、植生混凝土的分类

植生混凝土是通过特殊材料、特殊工艺制造出的具有特殊结构和表面特性的混凝土，具有降低环境负荷、协调生态环境的功能。植生混凝土有不同种类，能够体现"绿色性"的混凝土被称为减轻生态环境负荷型混凝土，能够体现"相容性"的混凝土被称为生态环境相容型混凝土。广义上的植生混凝土包括上述两种混凝土，狭义上的植生混凝土仅指生态环境相容型混凝土。

二、植生混凝土应用领域

（一）高边坡生态防护中的应用

植生混凝土可用于坡度大于60°的混凝土边坡、硬岩边坡等高陡岩石边坡，普通的喷播技术很难使土持久地维持在高陡的岩石边坡上，植生混凝土由于添加了水泥作为黏结剂，加入CBS植被混凝土绿化添加剂AB菌，以及有机质、腐殖质、纤维等有机物，与植物种子、沙壤土、肥料、水等物质混合在一起组成射混合料，能够在大坡度岩石边坡上发挥稳定的作用。植生混凝土支持机械化生产，可以使用干式喷锚机喷播，大大提高了生产效率和经济效益。同时，植生混凝土的喷射层强度较高，抗冲刷能力强，不容易出现龟裂的问题，适用于陡峭的岩石边坡。使用植被混凝土生态护坡前，需进行坡面整理，清除坡面障碍物，如浮土浮石、落叶枯枝、杂草等。同时，要清除植被结合部，在坡面开口线以上原始边坡的接触面上清理出宽度位1.0～1.5 m的区域，这部分为工程与原坡面的过渡区域，因此不仅要清除掉植物的枝干，还要挖除植物的的地下根茎。坡面清理后，要对存在明显危险的凸出部位、易脱落部位等进行处理，可用电锤、风镐等工具进行击落。有明显凹陷的地方应进行填充，需先用风镐在填补处凿出深度不低于 1 cm 的麻面，用水、高压风等冲洗干净后采用 M7.5 砂浆填平。坡面整理完毕后，铺设镀锌铁丝网，安装锚钉，制备植被混凝土，使用机械喷射。

(二)植生混凝土在河道、库区护岸中的应用

现浇植生混凝土也叫大骨料无砂混凝土，是以连续粒级的粗骨料为主原料进行搅拌、浇筑、自然养护而成的植生混凝土，可用于河道、水库、大坝、蓄水池、滨水地带等水利工程边坡的治理和保护。现浇植生混凝土的表面呈米花糖状，内部为大量连通的细密孔隙的多孔结构，使其拥有一般混凝土和通植生混凝土不具备的优越的力学性能，从而能在水利工程边坡中发挥巨大作用。在水利工程中，淹水区边坡的侵蚀主要来自于管涌现象和降雨、风浪等引起的侵蚀，因此，用于水利工程边坡中的混凝土还需具备较强的反过滤功能，使水和气体能够充分渗透，将细砂、土壤等颗粒过滤下来。现浇植生混凝土的丰富细密的空隙具备强大的过滤性，同时孔隙内部和外部表面还能附着藻类、微生物及微小水中生物，为其提供良好的生存环境，提高水体的自然净化能力。

三、主要技术内容

植生混凝土的性能全面，功能强大、多样，根据配料不同能体现出多种性能，下面从物理性能、力学性能和耐久性能三方面简要介绍测试植生混凝土性能的技术和方法。

(一)物理性能

1. 反滤性

在被保护土特征粒径小于 1 mm 时，植生混凝土要满足反滤性要求，就需要降低内部孔隙率和贯通性，铺设厚度应相应增加，不低于 300 mm，同时可搭配不同级配的骨料分层浇筑。如果对反滤要求比较高，则可在底层铺设高纤度土工布。

2. 平均孔径

可使用拓印法测定植生混凝土的平均孔径。在植生混凝土表面铺上一张韧性较强的白纸，用黑色铅笔轻涂白纸，此时，混凝土中的骨料部分会呈黑色，孔隙

部分会呈白色。测量所以白色部分的内径，取平均值即为平均孔径，也可计算出表面孔隙率。

3. 铺设厚度

不同植物对满足生存和生长所需土壤的基础厚度也不相同。对于普通土壤来说，草本植物满足生存所需土壤厚度最小，约为 60 mm，满足生长所需土壤厚度约 100 mm。因此，可以根据植生混凝土中有效土层的厚度计算铺设厚度。

4. 透水系数

透水性能不但可以反映植生混凝土吸收自然降水的能力，也能帮助人们了解植物根据与周围环境养分交换的能力。透水系不宜过大或过小，系数过小，蓄水能力和水分交换能力不足；系数过大，则会造成填充土内的养分流失。因此，要保证植生混凝土维持恰当的透水系数，既能满足植物生长的需要，也能有效降低孔隙碱度，增强生态性。

5. 孔隙率和连通孔隙率

植物需要扎根生长，所以植生混凝土必须有一定的连通孔隙率为植物扎根提供空隙，使植物根系能充分生长、交叉，增强防水功能，防止水土流失。空隙可以使植物根系穿透混凝土直接扎根土壤以从土壤中获得养分。

（二）力学性能

植生混凝土抗压强度的测试，参照《普通混凝土力学性能试验方法标准》进行。由于植生混凝土是骨料加入胶结材黏结而成的，所以表面的平整度比较差，这种外观条件较差的情况下不适合进行抗压强度测试，通常可使用硫黄胶泥、高强石膏水泥砂浆补平表面，再进行测试。

（三）耐久性能

1. 耐水性能

耐水性指材料抵抗水破坏的能力，使用软化系数表示。耐水性能包括植生混凝土被水浸泡后的体积稳定性、强度稳定性，以及由于体积变化而产生的胶材疲劳性等综合指标性

2. 抗冻融性能

目前还没有专门用于测试植生混凝土抗冻融性能的技术和方法，但可以参照测试普通混凝土抗冻融性能的方法，主要有两种，分别是慢冻法和快冻法。

慢冻法用于测试不直接浸泡在水中或不长期与水接触的工程用混凝土，在气冻水融条件下实施；快冻法用于测试港口、水工工程用混凝土，在水冻水融条件下实施。因此，可根据植生混凝土的适用环境选择抗冻融性能试验方法。

3. 抗冲刷性能

植生混凝土抗冲刷性能测试可根据《水工混凝土试验规程》要求，采用圆环法测试混凝土在含砂水流冲刷条件下的抗冲磨性能。抗冲刷指标用抗冲磨强度表示，抗冲磨强度是指混凝土单位面积被磨损单位质量所需时间。

4. 抗碳化性能

混凝土碳化是混凝土性能中最常见的形式，它是随着二氧化碳气体向混凝土内部扩散并溶解于混凝土内的孔隙水中，再与各水化物发生化学反应的一个复杂的物理、化学过程。二氧化碳气体在土壤和空气中的含量是不同的，在土壤中，二氧化碳的含量在 $0.74\% \sim 9.74\%$；在空气中，二氧化碳的含量约为 0.03%，可见，土壤中二氧化碳的含量是空气中的几十倍。土壤中的二氧化碳主要来源有植被根系活动、地下水、有机质腐烂以及微生物的代谢和分解等。胶结材在长期碳化作用下会因为中性化程度越来越高而失去稳定性，因此，在使用植生混凝土时要注意二氧化碳的作用

5. 穿透稳定性能

穿透稳定性是指植被从混凝土内部生长破土后，混凝土抵抗膨胀破坏的性能。工程人员在选择植被时要先测试植生混凝土的穿透稳定性，再确定种植范围和密度。

6. 抗酸侵蚀性能

植生混凝土中的填充土壤呈弱酸性，这些酸源自土壤中微生物的氧化还原反应、腐殖质中的有机酸、为调节土壤肥力和酸碱度施加的聚合物与酸性无机盐等。这些酸性物质会在土壤溶液中产生化学反应分解出氢离子，这些氢离子又会与水泥石中溶出的氢氧化钙发生化学反应。一方面，氢离子与氢氧化钙的中和反应会产生腐蚀产物，这些物质的稳定性交叉，容易溶解，进一步加剧腐蚀程度；另一方面，水泥石的酸度快速上升，碱度急速下降，水化硅酸钙和水化铝酸钙的稳定性遭到严重破坏，出现水解、溶出现象，最终造成混凝土下降。因此，在使植生混凝土保持适合植物生长的酸碱环境下，还要注意考虑混凝土的稳定性问题。

7. 抗流水侵蚀性能

混凝土是用水泥作胶凝材料，用砂、石等为集料加工制成的。水泥中的水化

产物呈碱性，不同程度上都溶于水。植生混凝土是多孔隙结构，接触面大，如果长期与流水接触，混凝土中氢氧化钙最先被溶解，并且随着溶解程度不断加深，水泥中的其他水化产物会逐渐水解并生成氢氧化钙，用于补充水泥中氢氧化钙的含量。

8. 耐干湿循环性能

在多无机盐使用环境中，水泥制品都会因为湿循环出现循环结晶腐蚀破坏的问题，植生混凝土也是如此。因为植生混凝土是多孔隙结构，接触面大，与土壤中高盐物质接触充分接触。如果使用环境长期受盐溶液的干湿交替作用，那么干湿循环作用会严重影响植生混凝土的稳定性。特别是用于堤岸的植生混凝土，会随着水位变动同时受到干湿循环、水浸、冻融等多环境影响，保持植生混凝土的稳定性就显得非常重要。

四、技术指标

（一）护堤植生混凝土

护堤植生混凝土的主要材料是普通硅酸盐水泥、碎卵石或碎石、水、高效减水剂，以及矿粉、粉煤灰硅粉等矿物掺合料。护堤植生混凝土的模块含有能供植物生长的大孔，强度超过 10 Mpa，密度为 1 800～2 100 kg/m³，空隙率不低于15%，如果有需要孔隙率最高可达 30%。

（二）屋面植生混凝土

屋面植生混凝土的主要材料是普通硅酸盐水泥、轻质骨料、粉煤灰或硅粉、植物种植基以及水。轻骨料的多孔能为植物根系生长和水土保持提供良好的环境，表面可敷设植物生长腐殖质材料。屋面植生混凝土的强度为 5～15 Mpa，密度为 700～1 100 kg/m³，空隙率为 18%～25%。

（三）墙面植生混凝土

墙面植生混凝土的主要材料是普通硅酸盐水泥、单一粒径为 5～8 mm 的天然矿物废渣、矿物掺合料、高效减水剂和水。墙面植生混凝土内部有庞大的毛细管网络，能为植物提供充分的养分和水分。墙面植生混凝土的强度为 5～15 Mpa，密度为 1 000～1 400 kg/m³，空隙率为 15%～22%。

第五节　供热计量技术

我国关于供热计量技术的指导性政策文件主要有 2006 年下发的《关于推进供热计量的实施意见》，规定了一套较为完整的计量技术标准和计量方法，并对实施供热计量的技术措施做出了明确的规定。

一、主要技术内容

（一）室内供暖系统

新建居民建筑的室内供暖系统以垂直双管系统和共用立管的分户独立系统为宜，也可以采用垂直单管跨越式系统。已经具备室内垂直单管顺流式系统的居民建筑，应改为垂直单管跨越式系统或垂直双管系统，不建议改为分户独立系统。分户独立系统改造曾一度在北方城市中大范围实施，大多数室内管路改造为明装，不仅投入成本较高，而且施工过程会产生噪声污染，因此不建议实施分户安装热表，采取其他热量计费办法。

新建公共建筑的室内散热器供暖系统以单管跨越式系统和垂直双管系统为宜。已经具备室内垂直单管顺流式系统的公共建筑，可改为垂直双管系统或垂直单管跨越式系统。为了不过多地增加散热器的散热面积，在进行垂直单管跨越式系统改造时，垂直层数最多为六层。

新建民用建筑可采用低温热水地面辐射供暖系统，即地暖系统。已经建成的民用建筑也可将散热器供暖系统改造成地暖系统。

（二）供热计量

供热计量是将集中供热系统中的热源、热力站、楼栋或用热单户作为供热方和用热方的热量结算点，装置热量表进行热计量。如果是民用住宅建筑，可以户或套为单位，直接计量，或分摊计量每户的供热量。如果是直接计量，就以热量表的计量进行结算；如果是分摊计量，则按每单位装置的测量记录装置确定各单位的用热量占热量结算点计量总值的比例来计算，确定各单位分摊热量。

（三）用户热分摊法及其应用

1. 用户热分摊法

用户热分摊法主要有四种，下面做简单介绍。

（1）流量温度法。利用每个分户独立系统或立管系统与热力入口流量之间的比例不变的原理，测量每个分户独立系统或立管的热力流量占热力入口流量的比例，以及每个分支三通前后的温差，计算出分摊建筑的总供热量。

（2）户用热量表法。根据每个单位装置热量表测量的数值直接计量，或者先计算出建筑总供热量，在进行分摊计量。

（3）通断时间面积法。每单位的分环水平支路上都会安装一个温通断控制阀，根据控制阀计算出各单位累积接通的时长，再结合供暖面积计算建筑总供热量，最后进行分摊计量。

（4）散热器热分配计法。根据散热器上安装的分配计测量的数值计算散热量的比例关系，再根据建筑总供热量分摊计量。

上面介绍的四种分摊计量方法在我国均有实际应用，并且都通过了技术鉴定。其中，除了户用热量表法之外，都需要统一的管理或服务，如流量温度法和通断时间面积法需要安装统一的计量工具，统一安装和调试，由专业公司统一提供后期服务于管理；散热器热分配计法也需由专业公司统一操作与管理。

2. 用户热分摊法的应用

选择哪种分摊计量法需要结合地方实际情况，综合考虑多方面因素，选择恰当的分摊计量法。下面简单介绍不同分摊计量法的应用情况。

（1）流量温度法的应用。该法可用于新建筑散热器供暖系统、共用立管的按户分环供暖系统，以及垂直单管顺流式系统的热计量改造。该法的优点是可同时实现室内温度调控和系统水利平衡，缺点是前期计量准备工作较多，工作量大。

（2）户用热量表法的应用。所有共用立管的分户独立系统（包括地暖系统）都适合采用该法。如果是已建成建筑，且未安装室内温控装置的情况下，则只能采用按面积分摊的过渡方式。然而，即便是采用按面积分摊的方法，也需要在结算点安装热量表计量热量。

（3）通断时间面积法的应用。该法适用于按户分环且室内阻力不变的供暖系统。该法的优点是能够实现分户控温，提升建筑使用舒适度，能分摊热量，缺点是无法进行分室控温。

（4）散热器热分配计法的应用。目前我国常见的几种室内供暖系统，无论是新建建筑还是已建成建筑进行供暖系统改造，都适合采用该法。同时，该法非常适合用于已建成建筑垂直单管顺流式系统改造成垂直单管跨越式系统或垂直双管系统，如此就不需要额外对水平系统进行改造，大大节约了改造成本，缩短工期。该法的缺点是不适用于地暖系统。

二、技术指标

供热计量方法按《供热计量技术规程》执行，适用于我国所有采暖地区。

第六节　铝合金窗断桥技术

铝合金窗于 20 世纪 70 年代初传入我国时，仅在外国驻华使馆及少数涉外工程中使用。改革开放初期，我国大批量的进口了日本、德国、荷兰以及中国香港等地铝门窗和建筑铝型材制品，用于深圳特区、广东、北京、上海等地"三资"工程建设和旅游宾馆项目建设。铝合金窗以抗风性、抗空气渗透、耐火性好而被建筑工程广泛采用。

铝的热传导系数高，在冷热交替的气候条件下，如果不经过断热处理，普通铝合金门窗的保温性能较差。目前，铝合金门窗一般采用断热型材。目前在欧美，断桥铝门窗已同木、塑门窗一样成为建筑门窗的主要形式之一。夏季时，断桥铝合金双层窗的内外两层窗之间的温度很高。窗户下方百叶可使新鲜空气流入室内，窗户上方的百叶可使室内空气经过中间的空腔排到室外。受烟囱效应影响，两层窗之间的通道内部的气体运动会带走气流中的热能，能够有效降低窗户外表面的温度，进而降低了室外温度对室内温度的影响，最终减轻空调的负荷。正因如此，断桥铝合金双层窗逐渐成为最受市场欢迎的窗户结构之一。此外，在安装断桥铝合金双层窗的过程中，可在顶部安装一个自动排风装置，如此能够形成一个向上的压力排风系统，能进一步增强窗户系统的隔热性能，减轻空调负荷；同时，能促进竖井中的空气流通，增强隔音性能，降低空调外机的噪音影响。

一、主要技术内容

隔热断桥铝合金的原理是将隔热条穿入铝型材中间，将铝型材隔断，形成断桥，阻碍热传导。相比于普通铝合金型材门窗，隔热铝合金型材门窗的热传导性能降低了50%，有些甚至能降低70%。特别是中空玻璃断桥铝合金门窗，重量小，打开、闭合十分灵活轻便，没有噪声；密度虽然只有钢材的1/3，但强度高；加工精密，有专用五金配件，安装准确，有密封胶条等辅件，隔音性能好。国内隔热铝合金型材门窗主要有浇注式和穿条式两种。断桥铝合金窗适用于各类形式的建筑物外窗。

二、施工工艺

断桥铝合金窗应符合相关地区节能设计标准要求及《铝合金窗》标准要求。铝合金窗受力构件应经试验或计算确定。未经表面处理的型材最小实测壁厚不小于1.4 mm。由于断桥铝合金双层窗经济实用，环保性和节能性表现优越，广受好评，因而近年来在建筑实践中的应用越来越广泛。断桥铝合金窗目前最主要的施工方法有两种，分别是干法施工和湿法施工。施工方法单一、施工标准和策略不完善是目前限制断桥铝合金窗技术发展的主要因素，需要在实践中不断完善。我国大多数建筑断桥铝合金窗施工都采用干法施工技术，下面做简单介绍。

(一)施工范围

断桥铝合金双层窗施工技术的应用领域十分广泛，无论是民用建筑、工业建筑，还是高层多用建筑都适用断桥铝合金窗技术。

(二)施工准备工作

施工准备是断桥铝合金双层窗技术的重要步骤，对施工效率、工程质量等都具有重要影响。准备工作的主要内容有材料准备、技术准备、器材准备和作业条件准备四个方面。

断桥铝合金双层窗的材料主要有断桥铝合金门窗、五金配件、防腐材料和保温材料、连接铁脚和连接铁板、密封材料、嵌缝材料等。断桥铝合金门窗的型号和规格应按照设计要求，必须是具备出厂合格证的产品；五金配件应与断桥铝合金门窗的型号相匹配；防腐材料和保温材料的选取应按照设计图纸要求，且必须具备出厂合格证；防腐材料和保温材料应与断桥铝合金双层窗的型号和规格相匹配，在施工前做好防腐措施；密封材料和嵌缝材料的选取应按照设计图纸要求，密封材料必须具备出厂合格证和产品生产合格证。装配断桥铝合金双层窗的主要工具有冲击电钻、手锤、线坠、钢卷尺、水平尺、射钉枪、螺丝刀托线板等。

在完成建筑结构质量验收后就可准备安装断桥铝合金双层窗。施工人员根据设计图纸标注的尺寸弹好窗中线和 50 cm 水平线；校正门窗洞口位置的尺寸和标高，确保其符合设计图纸要求；查验门窗两侧铝连接铁脚位置以及墙体预留孔洞位置是否吻合，清理孔洞；拆去铝合金门窗包扎布，检查铝合金门窗表面平整度和外观质量，核验铝合金门窗的型号，如果铝合金门窗存在色差、严重损伤、劈棱、翘曲不平、窜角等问题，则需与相关人员协商或修正、或调换，必须安装合格品；安装前检查铝合金门窗的保护膜是否有破损，如有破损，则需补粘完好后方可安装。

（三）操作工艺

1. 工艺流程

窗洞口抹灰→安装附框→外抹灰→安装主框→室内抹灰→室外挤塑板施工→打封闭胶→检查验收。

2. 施工准备

在安装铝合金窗户之前，施工人员应根据设计图纸要求，在墙体预留孔洞位置标识出安装窗户的水平和垂直控制线。在安装过程中，不仅要严格把控同一楼层的水平标高，还要随时测量竖直方向的窗户垂直度，保证统一建筑结构中铝合金窗户横向和竖向都能够同等垂直。

3. 确定尺寸

装铝合金窗户与墙面距离不应过大，因此在安装附框之前，要进行抹灰找平，控制附框距离。

4. 确定位置

施工人员按照孔洞位置标识安装附框，安装附框的时候为了防止窗框变形，需使用木楔临时固定位置，安装后再次调整窗附框位置，最后用膨胀螺栓连接固定在洞口墙体上，附框与窗洞口之间的缝隙用发泡聚氨酯填塞。

5. 施工控制

安装完附框后，进行外墙抹灰。注意控制抹灰厚度，以 15 mm 为宜。抹灰不能太厚，否则在粘外墙保温板时保温板压窗主框太多。

6. 放线控制

在安装断桥铝合金窗户的主框之前，应在墙面孔洞进行上下挂线，确保安装过程中不会出现便宜。安装前，对孔洞位置、水平度和垂直度做进一步确认和总体调整，主框每根立梃的正面和侧面都需进行垂吊，然后进行卡方，确定垂直线和两个对角线的长度。主框与附框安装就位后，外缘缝隙宽度为 5 mm，框与附框之间的空隙用发泡聚氨酯填塞，外面用密封膏嵌缝。

7. 玻璃安装

在门窗槽口内安装对应系统门窗的外胶条。先安装胶角，预留出 20 mm～30 mm 的胶条的长度，防治胶条因老化产生收缩导致胶条长度不够。在不带胶角的外胶条的 90°角位置上剪出不断开的 45°角，有些建筑工程中不使用胶条，而是采用外玻璃打胶的方式安装。清理主框槽口，放置玻璃垫块，垫块位置在槽口两侧约 20 mm 处。如果玻璃超过 1 200 mm，则需在中间位置增加玻璃垫块，落地窗上块玻璃与下块玻璃垫点在同一位置，确保窗框受力点在同一位置。

8. 抹灰

安装完主框之后进行内墙抹灰。如果断桥铝合金窗户的主框和窗洞口之间距离较远，需在窗洞口的上口和侧口增挂钢丝网，用钢钉固定在抹灰，窗下口用 C20 细石混凝土随打随抹光，保证窗内框抹灰的水平度和垂直度，确保窗户能正常开闭。

9. 外墙粘板

粘外墙保温板时，吃口应均匀一致，均应压进窗主框 5 mm，内外窗台标高严格按设计节点施工，断桥铝合金窗主、附框周边打专用封闭胶，做封闭处理，防止渗漏。

第七节 硬泡聚氨酯喷涂保温施工技术

硬泡聚氨酯涂料是一种外墙外保温措施，不仅保温效果好，还具备较强防火、抗湿、隔热性能。并且，硬泡聚氨酯涂料能够有效增强相邻材料的黏结力，提高主体结构稳定性，对于主体结构变形的适应性强、抗裂性强，能够有效提高工程的质量。硬泡聚氨酯涂料是非氟利昂型的材料，本身具备很强的化学稳定性，是一种性能全面、效果良好的环保材料。硬泡聚氨酯涂料主要是聚氨酯和聚氨酯的废弃物，能极大降低生产成本，提高化学废弃物的利用率。硬泡聚氨酯涂料可在施工现场进行机械化喷涂，极大缩短了施工时间，提高施工效率，提高经济效益。

一、主要技术内容

外墙硬泡聚氨酯喷涂施工技术是指在外墙外表面喷涂硬质发泡聚氨酯,在满足设计要求的厚度后,进行界面处理,依次进行抹胶粉聚苯颗粒保温浆料、抗裂砂浆、增强网,最后做饰面层。外墙硬泡聚氨酯喷涂系统的基本构造如图 2-2 所示。

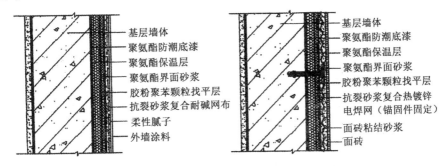

图 2-2 外墙硬泡聚氨酯喷涂系统基本构造

二、技术指标

该系统技术指标参见表 2-1 规定。

表 2-1 外墙喷涂硬泡聚氨酯系统技术要求

试验项目		性能指标	
耐候性		不得出现开裂、空鼓或脱落。抗裂防护层与保温层的拉伸黏结强度不应小于 0.1 MPa,破坏界面应位于保温层	
浸水 1 h 吸水量,g/m^2		≤1 000	
抗冲击强度	C 型	普通型(单网)	3 冲击,合格
		加强型(双网)	10 冲击,合格
	T 型	3 冲击,合格	
抗风压值		不小于工程项目的风载荷设计值	
耐冻融		严寒及寒冷地区 30 次循环、夏热冬冷地区 10 次循环表面无裂纹、空鼓、起泡、剥离现象	
水蒸气温流密度,g/(m^{2}h)		≥0.85	

试验项目	性能指标
不透水性	试样防护层内侧无水渗透
耐磨性，500L	无开裂，无龟裂或表妹保护层剥落、损伤
系统抗拉强度（C型），Mpa	≥0.1，并且破坏部位不得位于各层界面
饰面砖黏结强度（T型），Mpa（现场抽测）	≥0.4
抗震性能（T型）	设防裂度等级地震作用下面砖装饰面及外保温系统无脱落

三、施工工艺

（一）施工准备

（1）施工前应对基层墙体进行验收，符合国家相关规定方可施工。

（2）墙面、混凝土梁上的钢筋头及凸起物必须清除干净，保持表面平整。

（3）如果主体结构存在变形，应在喷涂前将变形缝进行处理。

（4）在喷涂前，应对门框、窗框采取保护措施，可用塑料薄膜、塑料布等材料进行包裹或遮挡。

（5）施工现场易污染物件，如架子管、施工器械、附近车辆等需采取保护措施，避免被漂移的聚氨酯污染。

（6）硬泡聚氨酯涂料施工对环境有一定要求，温度不能过低，湿度不能过大，以 10～40℃、低于80%的湿度宜为，当风速超过3级风（5 m/s）时则无法施工。如果不得不在温度低于10℃时施工，则需采取有效技术措施确保喷涂质量。

（7）在喷涂过程中，应根据喷涂设备的压力调整喷枪头与作业面的距离，但应控制在1.5 m内。喷涂过程中喷枪头的移动速度应尽可能保持均匀，不能忽快忽慢。上一层喷涂的聚氨酯硬泡要等到表面不粘手后方可下一层喷涂。

（8）聚氨酯硬泡保温层喷涂完成后，需经48～72 h的充分熟化后，方可实施后面的工序。

（9）喷涂后，应检查保温层表面的平整度，最大偏差不高于6 mm。

（10）在喷涂过程时，应对下风口和门窗洞口进行遮蔽，避免泡沫飞溅造成污染。

（11）在完成喷涂作业后，等待保温层熟化的时候，应采取有效避雨措施；如果保温层遭受雨淋，必须待保温层彻底晾干后方可实施下一道工序。

（二）喷涂硬泡聚氨酯保温层

打开聚氨酯喷涂机，根据设备压力调整喷枪头与墙面距离，均匀地喷涂，匀速移动。当喷涂厚度达到 10 mm 左右时，按间距 300 mm、梅花状分布插定厚度标杆，每平方米插定 9～10 支。继续喷涂，直到喷涂厚度与标杆齐平，隐约能够见到标杆头。喷涂可多层施工，上一层晒干不沾手后方可喷涂下一层，每层厚度不超过 10 mm。

（三）修整硬泡聚氨酯保温层

喷涂完成 20 min 后，可采用裁纸刀、手锯等工具对表面进行清理，修整掉遮挡部位，将突出部分进行清理和修整。完成修整后，喷涂 JYD 内外墙无机生态保温砂浆进行找平，喷涂厚度约为 15 mm，进行补充保温。

四、材料与设备

（一）材料准备

1. 聚氨酯硬泡

聚氨酯硬泡是聚氨酯硬质泡沫的简称，由 A、B 两组分料混合反应而成。A 组分料又称白料，主要成分为组合聚醚或聚酯（组合多元醇）、发泡剂、其他添加剂等；B 组分料又称黑料，主要成分为异氰酸酯的原材料，这也是聚氨酯硬泡形成的一种必备原料。

（二）质量控制

（1）基层处理。施工前应对墙体质量进行验收，确定基层墙体的垂直度和平整度，必须符合国家相关规定与结构工程质量要求。墙面必须干净整洁，没有油渍、浮土、空鼓、松动、凸起等问题，如果有风化的地方，应将其剔掉。

（2）保温层与墙体和其他各构造层之间必须黏结牢固，没有裂缝、空鼓、脱层等问题，保温层表面没有爆灰、起皮、风化等问题。

（3）喷涂完硬泡聚氨酯及 JYD 内外墙无机生态保温砂浆后，应采取有效措施，避免墙体遭受重物撞击。

（4）外墙外保温工程施工质量检验与验收，应符合国家相关规定和工程质量要求。

（5）应对进场材料、成品、半成品进行质量检查，符合要求后方可通过验收。

（6）聚氨酯保温层的厚度必须达到设计厚度要求，平均厚度不可出现负偏差。

（7）喷涂保温层表面不得存在破泡、流挂、烧芯、塌泡等问题，泡孔应细腻均匀，24h后不出现明显收缩。

第三章

建筑工程绿色施工综合技术

建筑工程绿色施工综合技术是指在施工中坚持优先保护环境的原则，真正体现高效利用资源的核心思想，在建筑工程中通过综合应用技术手段与科学管理方法，以保护建筑施工环境的完整性，在最大程度上提高水电能源以及建筑材料的利用率。本章主要从地基基础工程施工技术、主体结构工程施工技术、装饰装修工程施工技术以及建筑安装工程施工技术方面进行深入探讨。

第一节　地基基础工程施工技术

一、深基坑双排桩加旋喷锚桩支护的绿色施工技术

（一）适用条件

双排桩加旋喷锚桩基坑支护方案的选定应充分考虑项目工程的特点以及周边生态环境，在满足项目要求、保障周边环境与建筑安全的基础上，尽量做到节能减排、经济合理、提高施工效率。该技术的适用条件如下。

第一，基坑开挖的面积较大，基坑周长较长，形状较为规则，具备明显的空间效应，特别是需要防止侧壁中段过度变形的基坑。

第二，基坑开挖的深度较深，周边环境条件不同且差别较大，如有的侧壁条件复杂，有的侧壁较为空旷等。基坑设计需要结合地质条件和周边环境进行综合考量。

第三，基坑开挖范围内存在粉砂层、粉土等，特别是在基坑中下部和底部，可能会出现流砂，影响基坑的稳定性。

第四，地下水主要为表层素填土中的上层滞水，应做好基坑止水降水工作。

（二）双排桩加旋喷锚桩支护技术

1. 钻孔灌注桩结合水平内支撑支护技术

水平内支撑的布置可采用东西对撑并结合角撑的形式，这种做法能将施工对周围环境的影响降到最低。但该方案存在两个问题，一是该方案不能分块施工，基坑周围架设好基本临时设施后就没有足够的施工场地了；二是施工速度慢，工期较长，土方开挖、内支撑的浇筑与养护、后期拆撑等都会增加工期，影响经济

效益。

2. 单排钻孔灌注桩结合多道旋喷锚桩支护技术

加筋水泥土桩锚是一种新型的锚杆形式，它不同于常规形式，会在水泥土中插入加筋体，加筋体既可以是金属材料，也可以是非金属的材料。加筋水泥土桩锚采用专门机具施作，最小直径 200 mm，最大直径可达 1 000 mm，可以根据实际需求选择不同截面的桩锚体。加筋水泥土桩锚支护是一种可靠的加固技术与支护技术，能一次完成钻孔、注浆、搅拌和加筋，适合多种类型土层的基坑土体支护与加固，能够有效解决在粉土、粉砂中锚杆施工时下锚筋困难的问题，并且锚固体的直径比常规锚杆锚固体的直径大得多，能提供更大的锚固力。

单排钻孔灌注桩结合多道旋喷锚桩支护技术可根据建筑设计后浇带的位置分块开挖施工，则场地有足够的施工作业面，并且相比内支撑可节约一定的工程造价。该技术不利的一点是若采用"单排钻孔灌注桩结合多道旋喷锚桩"的支护形式，加筋水泥土桩锚下层土开挖时，上层的斜桩锚必须有 14 d 以上的养护时间并已张拉锁定，多道旋喷锚桩的施工对土方开挖及整个地下工程施工会造成一定的工期影响。

3. 双排钻孔灌注桩结合一道旋喷锚桩支护技术

为满足建设单位的工期要求，需减少桩锚道数，但桩锚道数减少势必会减少支点，引起围护桩变形及内力过大，对基坑侧壁安全造成较大的影响。双排桩支护形式前后排桩拉开一定距离，各自分担部分压力，两排桩桩顶通过刚度较大的压顶梁连接，由刚性冠梁与前后排桩组成一个空间超静定结构，整体刚度很大，加上前后排桩形成与侧压力反向作用的力偶的原因，双排桩支护结构位移相比单排悬臂桩支护体系而言明显减少。但纯粹双排桩悬臂支护形式相比桩锚支护体系变形较大，且对于深 11 m 的基坑很难有安全保证。综合考虑，为了既加快工期又保证基坑侧壁安全，应采用"双排钻孔灌注桩结合一道旋喷锚桩"的组合支护形式。

（三）基坑支护设计技术

1. 基坑支护设计

基坑支护采用"上部放坡 2.3 m＋花管土钉墙，下部前排 φ 800 @1500 钻孔灌注桩、后排 φ 700 @1500 钻孔灌注桩＋一道旋喷锚桩"的支护形式，前后排的排距为 2 m，双排桩的布置形式采用矩形布置，灌注桩及压顶冠梁与连梁混凝土的设计强度等级均为C30。地下水的处理采取φ850@600三轴搅拌桩全封闭止水结合坑内疏干井疏干的地下水处理技术方案。

旋喷锚桩的直径为500 mm，长24 m，内插3～4φ15.2钢绞线，钢绞线端头采用φ150×10钢板锚盘，钢绞线与锚盘连接采用冷挤压方法，注浆压力为29 MPa，向下倾斜15°、25°交替布置，设计抗拉力为$58 \div 1.625 = 35.69$(MPa)。

在双排钻孔灌注桩顶用刚性冠梁连接，由冠梁与前后排桩组成一个空间桁架式结构体系，这种结构具有较大的侧向刚度，可以有效地限制支护结构的侧向变形，冠梁需具有足够的强度和刚度。

2. 深基坑支护设计计算

双排钻孔灌注桩结合一道旋喷锚桩的组合支护形式是一种新型的支护形式，目前该类支护形式的计算理论尚不成熟，深基坑支护的设计人员应根据理论计算结果，结合等效刚度法和分配土压力法进行复核计算，以确保基坑安全。

1) 等效刚度法设计计算

等效刚度法理论基于抗弯刚度等效原则，将双排桩支护体系等效为刚度较大的连续墙，这样，双排桩+锚桩支护体系就等效为连续墙+锚桩的支护形式，采用弹性支点法计算出锚桩所受拉力。例如，前排桩的直径为0.8 m，桩间净距为0.7 m，后排桩的直径为0.7 m，桩间净距为0.8 m，桩间土的宽度为1.25 m，前后排桩的弹性模量为3×10^4 N/mm²。经计算，可等效为2.12 m宽的连续墙，该计算方法的缺点在于没能将前后排桩分开考虑，因此无法计算前后排桩各自的内力。

2) 分配土压力法设计计算

根据土压力分配理论，前排桩与后排桩会分担部分土压力，可根据桩间土体积在总滑裂面土体积中的占比计算土压力分配比。假设排桩的排距为L，土体滑裂面与桩顶水平面交线到桩顶的顶距离为L_0，那么，前排桩的土压力分配系数为$a_r = 2L/L_0 - (L/L_0)^2$。

将土压力分别分配到排桩上后，那么，前排桩可等效为围护桩，结合一道旋喷锚桩的支护形式，可以根据桩锚支护体系单独计算。这个计算方法能够计算出前排桩和后排桩的内力，弥补等效刚度法计算存在的缺陷。基坑排桩的排距为2 m，结合前面的算法课计算出排桩土压力的分担系数为0.5。设计人员可采用上面介绍的两种方法核准计算结果，为围护桩的配筋与旋喷锚桩的设计提供科学准确的数据。

3. 支护体系的内力变形分析

基坑开挖必然会引起支护结构变形和坑外土体位移，在支护结构设计中预估基坑开挖对环境的影响程度并选择相应措施，能够为施工安全和环境保护提供理论指导。

（四）基坑支护绿色施工技术

1. 旋喷锚桩绿色施工技术

加筋水泥土桩锚采用旋喷桩，综合考虑到工程施工会对周围的生态环境造成影响，因此施工工具可采用慢速搅拌中低压旋喷机具。慢速搅拌中低压旋喷机具的搅拌旋喷直径最高可达 1.5 m，施工深度可达 35 m，旋喷锚桩施工所需搅拌旋喷直径为 500 mm，施工深度为 24 m。旋喷锚桩施工应与土方开挖工程相互配合，在工程正式开始施工前，先开挖低于标高面向下约 300 mm、宽度至少为 6 m 的锚桩沟槽工作面，旋喷锚桩施工应采用钻进、注浆、搅拌、插筋的方法。水泥浆采用 42.5 级普通硅酸盐水泥，水泥掺入量为 20%，水灰比为 0.7（可视现场土层情况适当调整），水泥浆应搅拌均匀，随拌随用，一次搅拌的水泥浆应在初凝前用完。旋喷搅拌的压力为 29 MPa，旋喷喷杆提升速度为 20～25 cm/min，直至浆液溢出孔外，旋喷注浆应保证扩大头的尺寸和锚桩的设计长度。锚筋采用 3～4 根 φ15.2 预应力钢绞线制作，每根钢绞线抗拉强度标准值为 1 860 MPa，每根钢绞线由 7 根钢丝铰合而成，桩外留 0.7 m 以便张拉。钢绞线穿过压顶冠梁时自由段钢绞线与土层内斜拉锚杆要成一条直线，自由段部位钢绞线需加上塑料套管，并做防锈、防腐处理。

2. 钻孔灌注桩绿色施工技术

基坑钻孔灌注桩混凝土强度等级为水下 C30，压顶冠梁混凝土等级 C30，灌注桩保护层为 50 mm；冠梁及连梁结构保护层厚度 30 mm；灌注桩沉渣厚度应控制在 100 mm 以内，充盈系数为 1.05～1.15，桩位偏差应控制在 100 mm 以内，桩径偏差应控制在 50 mm 以内，桩身垂直度偏差应控制在 1/200 以内。制作钢筋笼应严格按照设计图纸操作，避免出现放样错误。灌注桩钢筋采用焊接接头，单面焊搭接长度为 10d，双面焊搭接长度为 5d，d 为钢筋直径，同一截面接头不大于 50%，接头间相互错开 35d，坑底上下各 2 m 范围内不得有钢筋接头，纵筋锚入压顶冠梁或连梁内直锚段不小于 0.6l_{ab}（l_{ab} 是基本锚固长度），90° 弯锚度不小于 12d。为保证粉土、粉砂层的成桩质量，施工时应根据地质情况采取优质泥浆护壁成孔、调整钻进速度和钻头转速等措施，或通过成孔试验确保围护桩跳打成功。

灌注桩施工时应严格控制钢筋笼制作质量和钢筋笼的标高，钢筋笼全部安装入孔后，应检查安装位置，特别是钢筋笼在坑内侧和外侧配筋的差别，确认符合要求后，将钢筋笼吊筋进行固定，固定必须牢固、有效。混凝土灌注过程中应防止钢筋笼上浮和低于设计标高。因为该工程桩顶标高负于地面较多，桩顶标高不容易控制，应防止桩顶标高过低造成烂桩头，所以灌注过程将近结束时应安排专人测量导管内混凝土面标高，防止桩顶标高过低造成烂桩头或灌注过高造成不必要的浪费。

（五）基坑监测技术

根据相关规范及设计要求，为保证围护结构及周边环境的安全，确保基坑的安全施工，结合深基坑工程特点、现场情况及周边环境，主要对围护结构（冠梁）顶水平、垂直位移，围护桩桩体水平位移，土体深层水平位移，坡顶水平、垂直位移，基坑内外地下水位，周边道路沉降，周边地下管线沉降，锚索拉力等项目进行监测。

基坑监测测点间距不大于 20 m，所有监测项目的测点在安装、埋没完毕后，在基坑开始挖土前需进行初始数据的采集，且次数不少于三次，监测工作从支护结构施工前开始，直至完成地下结构工程的施工为止。较为完整的基坑监测系统需要对支护结构本身的变形、应力进行监测，同时，对周边邻近建筑物、道路及地下管线沉降等也应进行监测以及时掌握周边的动态。

在监测过程中，监测单位要及时发现问题，提出建议或发出警报，如此设计单位和施工单位才能及时采取补救措施，确保工程有序进行。

二、深基坑开挖期间基坑监测绿色施工技术

（一）概述

随着城市建设的发展，建筑向地下和空中的延展越来越多，这也是开发商实现经济效益的主要手段之一，也是出现深基坑施工问题的主要因素之一。在深基坑施工过程中，由于地下土体性质、荷载条件、施工环境的复杂性和不确定性，光靠地址勘察资料、室内土工试验和理论计算来确定设计方案和施工方案显然是

不够的，特别是面对复杂的大中型工程项目或环境条件，施工过程中引发的环境、设施、邻近建筑物等的变化都是工程建设过程中必须重点监测的对象。

根据广义胡克定律所反映的应力应变关系，界面结构的内力、抗力状态必将反映到变形上来。因此，可以建立以变形为基础来分析水土作用与结构内力的方法，预先根据工程的实际情况设置各类具有代表性的监测点。施工过程中运用先进的仪器设备，及时从各监测点获取准确可靠的数据资料，经计算分析后，向有关各方汇报工程环境状况和趋势分析图表，从而围绕工程施工建立起高度有效的工程环境监测系统。要求系统内部各部分之间与外部各方之间保持高度协调和统一，从而发挥一些作用，如为监测单位提供可靠的依据，使其能及时了解施工过程中出现的问题，及时做出调整；可及时发现和预报险情的发生及险情的发展程度；根据一定的测量限值做预警预报，及时采取有效的工程技术措施和对策，确保工程安全，防止工程破坏事故和环境事故发生；靠现场监测提供动态信息反馈来指导施工全过程，优化诸相关参数，进行信息化施工；可通过监测数据来了解基坑的设计强度，为今后降低工程成本指标提供设计依据。

（二）深基坑施工监测特点

深基坑施工通过人工形成一个坑周挡土、隔水界面，由于水土物理性能随空间、时间变化很大，使这个界面结构形成了复杂的作用状态。水土作用、界面结构内力的测量技术复杂，费用高，该技术用变形测量数据，利用建立的力学计算模型，分析得出当前的水土作用和内力，用以进行基坑安全判别。

深基坑施工监测需要密切配合基坑开挖和降水，因此具备明显的时效性特征。深基坑施工监测的结果是动态的，超过 24 h 的检测结果就不具备数据意义，因此，在深基坑施工过程中，施工检测需要科学的检测方法，专业的检测设备，能够全天候工作，快速采集数据，并能适应夜间工作以及大雾、降雨等较为严酷的天气条件。

深基坑施工监测具有高精度性：由于正常情况下深基坑施工中的环境变形速率可能在 0.1 mm/d 以下，要测到这样的变形精度，就要求深基坑施工中的测量采用一些特殊的高精度仪器。

深基坑施工监测具有等精度性：深基坑施工中的监测通常只要求测得相对变化值，而不要求测量绝对值。深基坑施工监测要求尽可能做到等精度，要求使用相同的仪器，在相同的位置上，由同一观测者按同一方案施测。

（三）深基坑施工监测的内容

深基坑施工监测适用于开挖深度超过 5 m 的深基坑开挖过程中围护结构变形及沉降监测，周边环境包括建筑物、管线、地下水位、土体等变形监测，基坑内部支撑轴力及立柱等的变形监测。

深基坑施工监测的内容通常包括水平支护结构的位移，支撑立柱的水平位移、沉降或隆起，坑周土体位移及沉降变化，坑底土体隆起，地下水位变化以及相邻建构筑物、地下管线、地下工程等保护对象的沉降、水平位移与异常现象等。

（四）深基坑施工监测的技术要点

1. 监测点布置

合理布置监测点才能实现最大经济效益。应根据基地的实际情况和工程的需求选择监测项目，充分了解基坑周围的地质条件、环境条件，结合基坑围护设计方案和过去的施工经验，确定监测点布置范围和布置密度。

设置在地下的监测点应在工程正式开工前埋设完成，预留出足够的稳定期。在工程正式开工前，记录好所有监测点的静态初始值。对于布置在位移区和沉降区监测点，应将监测点布置在被监测的物体上。如果没有充足的条件开挖样洞点，则可在人行道上埋设水泥桩作为模拟监测点，水泥桩的埋设深度应比管线的埋设深度略深一些，地表必须加装井盖，保护行人安全。如果马路上已经有管线井或阀门管线设备，可直接在这些设备上布置监测点。

2. 周边环境监测点的埋设

周边环境监测点的埋设按现行国家有关规范的要求，应对基坑开挖深度 3 倍范围内的地下管线及建筑物进行监测点的埋设。监测点埋设的一般原则为，管线取最老管线、硬管线、大管线，尽可能取露出地面的如阀门、消防栓、窨井作监测点，以便节约费用。管线监测点埋设采用长约 80 mm 的钢钉打入地面，管线监测点同时代表路面沉降；房屋监测点尽可能利用原有沉降点，不能利用的地方用钢钉埋设。

3. 基坑围护结构监测点的埋设

基坑围护墙顶沉降及水平位移监测点的埋设：在基坑围护墙顶间隔 10～15 m 埋设长 10 cm、顶部刻有"＋"字丝的钢筋作为垂直及水平位移监测点。围护桩身侧斜孔的埋设：根据基坑围护实际情况，考虑基坑在开挖过程中坑底的变形情况，在于测斜管的布置，应充分考虑地质环境，将监测点埋设在容易引起塌方的地方，通常埋设在与基坑围护结构相平行的位置，以 20～30 m 的间距进行布设，测斜管采用内径 60 mm 的 PVC 管。测斜管与围护灌注桩或地下连续墙的钢筋笼绑扎在一道，埋深约与钢筋笼同深，接头用自攻螺丝拧紧，并用胶布密封，管口加保护钢管，以防损坏。管内有两组互为 90°的导向槽，导向槽控制了测试方位，下钢筋笼时使其一组垂直于基坑围护，另一组平行于基坑围护并保持测斜管竖直，测斜管埋设时必须要有施工单位配合。

坑外水位测量孔的埋设：基坑在开挖前，必须确认地下水位是否达到要求，如果地下水位未达到要求高度，需降低地下水位。但是，地下水位降低地后会出现地下水流动，可能造成坑外地下水向坑内渗漏的情况，这也是造成基坑塌方的主要因素，为了保障基坑安全，需重点监测地下水位。确定监测管埋设位置时，应结合基坑地下水文资料，将监测管埋设在含水量大、渗水性强的地方，平行于基坑外侧 20～30 m 处。埋设水位孔时，先使用 30 型钻机在设计的孔位置处钻孔到设计深度，完成孔内清理后放入 PVC 管，底部使用透水管，外侧用滤网扎牢，最后使用黄沙回填钻孔。

支撑轴力监测点的埋设：支撑轴力监测利用应力计，安装应力计必须在围护结构施工时由施工单位配合安装，通常安装在方便的部位，选取若干断面，每个断面安装两个应力计，计数时取两个应力计的平均值。需要注意的是，应力计必须用电缆线引出，并做好编号。编号可购买现成的号码圈，套在线头上，也可以用色环来表示，色环与编号的传统习惯是黑(代表数字 1)、棕(代表数字 1)、红(代表数字 2)、橙(代表数字 3)、黄(代表数字 4)、绿(代表数字 5)、蓝(代表数字 6)、紫(代表数字 7)、灰(代表数字 8)、白(代表数字 9)。

土压力和孔隙水压力监测点的埋设：土压力计用于监测地下土体应力，孔隙水压力计用于监测地下水压力变化。土压力计应在基坑围护结构施工时由施工单位配合安装，安装时压力面朝外；每孔埋设土压力计数量根据挖深而定，每孔第一个土压力计从地面下 5 m 开始埋设，以后沿深度方向间隔 5 m 埋设一只，采用钻孔法埋设。首先，将压力计的机械装置焊接在钢筋上，钻孔清孔后放入，根据压力计读数的变化可判定压力计安装状况，安装完毕后采用泥球细心回填密实。根据力学原理，压力计应安装在基坑存在隐患位置的围护桩侧向受力点。安装孔隙水压力计，应采用钻机钻孔，结合实际需求在不同深度放入相应数量的孔隙水压力计，之后用干燥的黏土球填平，略压实，等到黏土球吸收充足的水分之后，就证明钻孔已经完全封堵好了。上述两种压力计的安装，都必须注意引出线的编号和保护。

基坑回弹孔的埋设：在基坑内部埋设，每孔沿孔深间距 1 m 放置一个钢环或沉降磁环。土体分层沉降仪由钢环、电感探测装置、分层沉降管三个部分组成。分层沉降管是表面带波纹状纹路的柔性塑料管，管外每隔一定距离安放一个钢环，地层沉降时带动钢环一同下沉，通过钻机钻孔将分层沉降管埋入土层中，之后用细砂回填。埋设过程中应注意避免损坏波纹管外的钢环。

基坑内部立柱沉降监测点的埋设：在支撑立柱顶面埋设立柱沉降监测点，在支撑浇筑时预埋长约 100 mm 的钢钉。

布设完监测点后，应在地形示意图上绘制出监测点位置并注明编号，不同类型的监测点要写明监测点名，监测点名可用监测点汉语拼音的首字母＋数字的组合形式，例如，应力计可定名为 YL－1，测斜管可定名为 CX－1。

4. 监测技术要求与监测方法

测量精度：按现行国家有关规范的要求，水平位移测量精度不低于 ±1.0 mm，垂直位移测量精度不低于 ±1.0 mm。

垂直位移测量：基坑深度的 3～4 倍是基坑施工对周围环境影响的最大范围，因此，沉降观测的后视点应布置不受基坑施工影响的地方，并且最少设置两个后视点。使用精密水准仪按照二等精密水准观测方法测二回，测回校差不高于 ±1 mm。在基坑开工前应测量地下设施、地下管线以及地面建筑的初始值，结合工程需求多次测取数据，观测频率根据实际情况而定。每次测取的数据与初始值比较即为累计量，与前次观测的数据比较即为日变量。测量过程中"固定观测者、固定测站、固定转点"，严格按国家二级水准测量的技术要求施测。

水平位移测量要求水平位移监测点的观测采用 WildT2 精密经纬仪进行。偏角法是比较常见的测量方法，和垂直位移测量后视点的布置相同，要布置在基坑的施工影响范围之外的地方。外方向的监测点至少为三点，每次观测都必须定向，为避免监测点遭受破坏，必须在安全地段增设一个保护点。第一次观测时，应同时测取站到各监测点的距离，通过举例计算出各监测点的秒差，之后每次观测只要需测出各监测点的角度变化就可以计算出各监测点的位移量。需要注意的是，观测次数和报警值与沉降监测相同。

围护墙体侧向位移斜向测量：随着基坑开挖施工，土体内部的应力平衡状态被打破，从而导致围护墙体及深部土体的水平位移。测斜管的管口必须每次用经纬仪测取位移量，再用测斜仪测取地下土体的侧向位移量，测斜管内位移用测斜仪滑轮沿测斜管内壁导槽渐渐放至管底，自下而上每 1 m 或 0.5m 测定一次读数，然后测头旋转 180°再测一次，即为一测回，由此推算测斜管内各点位移值，再和管口位移量进行比较，就能计算出地下土体的绝对位移量。位移方向通常取与基坑边垂直方向上的分量，也可以通过换算得出这个分量。

在观测地下水位过程中，首次观测应测量水位管管口的标高，通过标高能计算出地下水位的初始标高和水位标高。在之后的基坑施工中，可根据施工需求制订观测周期和观测频率，观测下水位标高的变化值，并计算出累计变化量。测量时，水位孔管口高程以三级水准联测求得，管顶至管内水位的高差由钢尺水位计测出。

支撑轴力量测要求埋设于支撑上的钢筋计或表面计必须与频率接受仪配合使用，组成整套量测系统，由现场测得的数据，按给定的公式计算出其应力值，各观测点累计变化量等于实时测量值与初始值的差值；本次测量值与上一次测量值的差值为本次变化量。

土压力测试：用土压力计测得土压力传感器读数，由给定公式计算出土压力值。

土体分层沉降测量：测量时采用搁置在地表的电感探测装置，可以根据电磁频率的变化来捕捉钢环确切位置，由钢尺读数可测出钢环所在的深度，根据钢环位置深度的变化，即可知道地层不同标高处的沉降变化情况。第一次应测量分层沉降管管口的标高，计算出地下各土层的初始标高。在之后的基坑工程中，可根据施工需求制订测量周期和测量频率，测量地下各土层标高的变化值，并计算出累计变化量。

监测数据处理：专项专表，各项目监测数据应填写在对应项目数据表上，表格应明确记录初始值、每次变化量以及累计变化量。在基坑施工结束后，分析监测数据，特别是出现报警值的数据进行重点分析，绘制数据变化曲线图，生成工作报告。基坑施工期间的监测应由第三方实施，监测数据由监测单位直接递交各相关单位。结合预先确定的监测报警值，对超过警值的报告加盖红色报警章。

（五）深基坑施工监测的环境保护

测量作业完毕后，对临时占用、移动的施工设施应及时恢复原状，并保证现场清洁，仪器应存放有序，电器、电源必须符合规定和要求，严禁私自乱接电线；做好设备保洁工作，清洁进场，作业完毕后到指定地点进行仪器清理整理；所有作业人员应保持现场卫生，生产及生活垃圾均装入清洁袋集中处理，不得向坑内丢弃物品以免砸伤槽底施工人员。

第二节　主体结构工程施工技术

一、大体积混凝土绿色施工技术

大体积混凝土结构施工是建筑工程的重要内容和关键环节。在大体积混凝土结构施工过程中，混凝土裂缝是经常困扰施工单位的问题，对整体工程的质量造成了严重的影响，也为工程安全埋下了巨大的安全隐患。因此，施工单位应加强对大体积混凝土结构施工人员技术培训，提升施工技术，优先使用先进的施工技术和设备，合理运用各种施工技术，采取有效的预防措施，以及问题出现后的解决措施，保障工程质量，提高工程的安全性和可靠性。

（一）大体积混凝土绿色施工的技术特点

（1）用面向顶、墙、地三个界面不同构造尺寸特征的整体分层、分向连续交叉浇筑的施工方法和全过程的精细化温控与养护技术，解决了大壁厚混凝土易开裂的问题，较传统的施工方法可大幅度提升工程质量及抗辐射能力；

（2）结构厚、体型大、钢筋密、混凝土数量多，工程条件复杂和施工技术要求高；

（3）采取一个方向、全面分层、逐层到顶的连续交叉浇筑顺序，浇筑层的设置厚度以450 mm为临界，重点控制底板厚度变异处质量，设置成A类质量控制点；

（4）采取柱、梁、墙板节点的参数化支模技术，精细化处理节点构造质量，可保证大壁厚的顶、墙和地全封闭一体化建筑物结构的质量；

（5）采取紧急状态下随机设置施工缝的措施，且同步铺不大于30 mm的同配比无石子砂浆，可保证混凝土接触处强度和抗渗指标。

（二）大体积混凝土绿色施工的工艺流程

大壁厚的顶、墙和地全封闭一体化建筑物的施工以控制模板支护及节点的特殊处理、大体量混凝土的浇筑及控制为关键，其展开后的施工工艺流程如下：①施工前准备；②绑扎厚底板钢筋；③浇注厚底混凝土；④大厚度底板养护；⑤绑扎大截面柱钢筋；⑥支设柱模板；⑦绑扎厚墙体加强筋及埋设降温水管；⑧绑扎大截面梁钢筋及埋设降温水管；⑨支设梁柱墙一体模板并处理转角缝；⑩绑扎厚屋盖板钢筋及埋设降温水管；⑪支撑顶模板，处理与梁、墙、柱模板节点；⑫墙、柱、梁、顶混凝土分层分项浇注；⑬梁、板混凝土的分层、分向浇筑和振捣；⑭抹面、扫出浮浆及泌水处理；⑮整体结构的温度控制、养护及成品保护。

（三）大体积混凝土结构施工技术

大体积混凝土是指在混凝土结构实体中，最小几何尺寸≥1 m 的混凝土，或者是因为混凝土中胶凝材料水化而产生有害裂缝的混凝土。

1. 配制大体积混凝土的材料

在选择材料时，应优先选择 C2S 含量高、C3A 含量低、质量稳定的水泥，如此能够提高混凝土的抗裂性。细骨料优先选择细度模数至少为 2.3 的中砂。减水剂优先选择缓凝型减水剂。粗骨料可根据实际情况酌情选择，如采用非泵送施工，可酌情选择大粒径的粗骨料。

2. 大体积混凝土的配合比

大体积混凝土配合比除了要满足设计规定要求的性能外，还应满足施工工艺特性的要求。混凝土搅拌物在浇筑工作面的坍落度应控制在 160 mm 以内。注意控制搅拌水用量，应不超过 170 kg/m。注意粉煤灰和矿渣粉的用量，前者应控制在水泥用量的 40% 以内，后者应控制在水泥用量的 50% 以内，两者的总用量印应控制在水泥总量的 50% 以内。

注意控制水胶比，最大不能超过 0.55。若要满足特殊的设计要求，可根据设计要求酌情在混凝土中加入破碎过大漂石或片石。需要注意的是，埋放片石或大漂石的厚度至少为 15 cm，石块填放量应控制在混凝土结构体积的 20% 以内。埋放的石块应经过挑选，不仅要满足设计的抗冻性要求，石块表面无裂纹、无夹层、无水锈和铁锈，没被烧过的，选好的石块需经过清洗才可使用。石块埋放排布均匀，石块间净距不低于 150 mm，石块不能碰到钢筋和预埋件。需要注意的是，不得在受拉区混凝土埋放石块，低温为零下时也不得埋放石块。

3. 大体积混凝土施工技术方案与主要内容

建筑保温结构设计应按照国家标准进行设计，大体积混凝土的养护标准、验收标准也应符合国家规定要求。大体积混凝土支架系统安装和拆除过程中，必须加装临时固定设施，防治出现倾覆的问题。在施工之前，设计师应准确计算大体积混凝土结构收缩应力和温度应力，确定施工过程中的技术措施和温控指标。确定支架系统和模板原材料的选取、配比、制备以及运输计划，规划各工具、设备和装置的现场布置。结合工期制定浇筑施工计划、浇筑顺序、岗位交接班制度、应急保障措施、特殊部位及特殊气候条件下施工措施以及测温作业管理制度，确定混凝土保温方法和保湿方法。

4. 试算

通过试算大体积混凝土结构的温度、温度应力、收缩应力等预测混凝土浇筑体的温升峰值，明确土浇筑体芯部和表层的温差标准范围、温控措施、降温速率控制指标等。在第一个混凝土浇筑体完成后必须进行工艺检验和实验，进行温度监测。

5. 大体积混凝土浇筑的相关规定

第一，混凝土的入模温度最高不得超过 28℃，在此基础上最高升温应控制在 45℃以内。

第二，大体积混凝土工程的施工方法，推荐使用分层连续浇筑施工或者推移式连续浇筑施工。结合工程设计要求，采取均匀分层浇筑和分段浇筑。当大体积混凝土的横截面面积在 200 m² 范围内时，可以不分段，也可进行分段，但分段上限为 2 段；当大体积混凝土的横截面面积为 200 m²～300 m² 时，分段上限为 3 段，并且，每个分段的面积最小为 50 m²，每段混凝土的厚度以 1.5～2.0 m 为宜。段与段之间的竖向施工缝应与结构较小截面的尺寸方向相平行。需要注意的是，在采用分段浇筑施工时，竖向施工缝的位置必须设置模板，并且上、下两个相邻的分层中的竖向施工缝要相互错开。

第三，如果采用的是泵送混凝土施工，浇筑层的厚度应控制在 500 mm 以内；如果采用的是非泵送混凝土施工，浇筑层的厚度应控制在 300 mm 以内。

第四，采用分层间歇浇筑施工方法时，必须保证水平施工缝符合工程设计要求，同时，还应充分考虑钢筋工程施工和预埋管件安装等问题，以及混凝土在浇筑过程中供应能力与温度裂缝控制的要求。

第五，浇筑混凝土时应对定位筋、受力钢筋、预埋件等采取有效防护措施，避免产生位移或变形。

第六，大体积混凝土浇筑面应及时进行二次抹压处理。

6. 混凝土浇筑体的保温养护

每次浇筑后不仅要实施普通混凝土浇筑体常规养护措施，还应严格按照制订的温控技术措施实施保温养护。保温养护时长至少为 28 d，期间应定期检查养护剂涂层或塑料薄膜的情况，发现破损应及时修整；定期检测浇筑体的芯部与表层的温差，计算降温速率，确保满足温控指标要求，若出现异常应及时调整养护措施。在完成养护拆除保温覆盖层的时候，应分层逐步拆除，当混凝土浇筑体表层温度与环境最大温差低于 20℃ 时可将保温覆盖层全部拆除。拆模后还应采取预防突然降温、寒流袭击以及剧烈干燥等突发环境变化的养护措施。拆模时间可适当稍作延迟，模板作为保温养护措施的一部分时，可根据温控要求确定拆模时间。

7. 特殊气候应对技术

当大体积混凝土施工过程中遭遇高热、大风、雨雪等特殊天气时，需采取相应技术措施保证施工质量和养护质量。

在高热天气时，应避免混凝土原材料在日光下暴晒，实施防晒遮盖。同时，应采取多种方法降低材料入仓温度，如用冷却水搅拌混凝土，在搅拌时加冰屑，用冷却骨料等方式。混凝土浇筑后应立即采取有效保湿保温养护措施，不可使混凝土和模板直接暴露在日光下。如果条件允许，可调整施工时间，避开每天的高温时段。

在低温环境下，应采取有效措施保证材料温度，如用热水拌和、加热骨料等，使混凝土入模温度不低于 50℃。完成浇筑后应立即采取有效保湿保温养护措施。

在大风天气中施工作业应采取有效的挡风措施，降低混凝土表面的风速，适当增加表面抹压次数，完成浇筑后应立即覆盖保温材料和塑料薄膜，防止风干。

在雨雪天气下，需要采取有效的遮挡措施进行施工，不能在露天环境下浇筑混凝土。若突然遭遇大雨或大雪，应立即在结构合理部位留置施工缝，快速中止施工；对已经完成浇筑但未硬化的混凝土，应立即覆盖保温材料和塑料薄膜，避免被雨水冲刷。

8. 大体积混凝土施工现场温控监测

浇筑体内监测点的布置应遵循以下几个原则：能准确反映浇筑体内最高温升

是多少；能反映出浇筑体芯部和表层的温差；能反映浇筑体降温速率和环境温度。确定浇筑体内监测点布置范围，应在浇筑体平面图对称轴线的半条轴线区域，应按照平面分层布置具有代表性的监测点。在基础平面对称轴线上至少布置的 4 个监测点。沿着浇筑体厚度的方向应布置能够反映浇筑体中心温度、外表和底面温度的监测点，其他监测点的布设间距应控制在 600 mm 以内。

浇筑体芯部与表层温差、降温速率、环境温度及应变的数据应重点观测，每昼夜至少 4 次。入模温度的检测每台班至少 2 次。在浇筑体表层温度应在表面以内 50 mm 处进行测量。混凝土温度测量应确保测温计不会收到环境气温影响，测温时，测温计在测温孔内留置时间至少为 3 mm。应根据施工现场条件选择恰当的测温计。完成测温后，应及时技术各测温点数据，绘制断面温度分布曲线、温度变化曲线等。

（四）大体积混凝土绿色施工质量的保证措施

1. 原材料的质量保证措施

细骨料以中砂为宜，粗骨料以连续级配采用为宜。掺和料最好为矿渣粉何粉煤灰。外加剂尽可能使用缓凝剂和减水剂。在确保混凝土强度和坍落度的前提下，可酌情增加掺和料和骨料的掺量，减少水泥使用量。水泥以凝结时间长、水化热低的水泥为宜，如热硅酸盐水泥、大坝水泥、中低热矿渣硅酸盐水泥、火山灰质硅酸盐水泥、粉煤灰硅酸盐水泥等。

水化热低的矿渣水泥，相对而言析水性较强，因此在浇筑层表面往往会析出大量水分，即泌水现象。析出的水往往会汇聚在两相邻浇筑层之间，改变混凝土的水灰比；同时，在排出这些水的过程中势必会带出部分砂浆，进而形成一个含水量大的夹层，影响浇筑体的黏结力和整体性。泌水量和温度、用水量密切相关，温度高会加快析出水的速度，用水量大，泌水量也大。除此之外，泌水量和水泥的成分、细度也有关系。泌水会影响施工质量和施工速度。因此，在选取矿渣水泥时应优先考虑泌水性产品，适当加入减水剂降低用水量。施工时及时排水，或在析水处均匀浇筑硬性混凝土并振实。

2. 施工过程中的质量保证措施

第一，在设计许可的条件下，采用混凝土 60 d 龄期的强度作为设计强度。

第二，优先使用中热水泥或低热水泥，加入矿渣粉、粉煤灰等掺料。

第三，适当加入外加剂，如缓凝剂、减水剂、膨胀剂等。

第四，在气温较高的环境中施工时，应采取有效措施降低原材料温度，混凝土在运输过程中应采取有效隔热措施，避免过多吸收环境热量。

第五，混凝土内部预埋管道，进行水冷散热。

第六，混凝土应采取科学养护措施。混凝土芯温度与表面的温差最高为25℃，混凝土表面温度与环境温差最高为20℃。养护时间至少为两周。

3. 施工养护过程中质量保证措施

第一，保湿养护至少为28 d。分层、逐步拆除保温覆盖层，当混凝土的表层温度与环境温差低于20℃时，可拆除全部保温覆盖层。

第二，定期检查混凝土养护剂涂层或塑料薄膜是否存在破损，检查混凝土表面湿度。

第三，监测大体积混凝土浇筑体的芯部与表层温差、降温速率，及时记录绘制图表，若监测结果出现异常应及时调整养护措施。

第四，大体积混凝土拆模后应采取有效防寒、保湿措施。如果大体积混凝土浇筑体表面出现细小裂缝、干缩、泛白等问题时应立即采取补救措施。顶板混凝土表面完成二次抹面后，应在薄膜上覆盖保温措施，搭接长度应超过100 mm，降低凝土表面热扩散，延长散热时间，缩小混凝土内部和表面温差。

（五）绿色施工技术的环境保护措施

建立健全"三同时"制度，全面协调工程施工与环境保护之间的关系，节能减排。制订施工现场保洁责任制，设专人负责场内卫生考评、垃圾清运、污染处理等，保证场内各区干净整洁，符合卫生标准。

大体积混凝土振捣过程中振捣棒不得直接振动模板，不得有意制造噪声，禁止机械车辆高声鸣笛，采取消音措施以降低施工过程中的施工噪声，实现对噪声污染的控制。施工过程中产生的废泥浆需经过沉淀、过滤后由专门车辆运输至指定存放地点。运输车辆应采取防漏措施避免淤泥、废泥浆污染路面。在运输出入口设置冲洗区，运输车辆应定期冲洗保持整洁。

二、预应力钢结构的绿色施工技术

（一）预应力钢结构的特点

预应力钢结构的主要特点是：充分利用材料的弹性强度潜力以提高承载力；

改善结构的受力状态以节约钢材;提高结构的刚度和稳定性,调节其动力性能;创新结构承载体系、保证建筑造型。同时预应力钢结构还具有施工周期短、技术含量高的特点,是高层及超高层建筑的首选。

在预应力钢构件制作过程中实施参数化下料、精确定位、拼接及封装,实现预应力承重构件的精细化制作;在大悬臂区域钢桁架的绿色施工中采用逆作法施工工艺,即结合实际工况先施工屋面大桁架,再施工桁架下悬挂部分梁柱;先浇筑非悬臂区楼板及屋面,待预应力桁架张拉结束,再浇筑悬臂区楼板,实现整体顺作法与局部逆作法施工组织的最优组合。

(二)预应力钢结构绿色施工的要求

预应力钢结构施工工序复杂,实施以单拼桁架整体吊装为关键工作的模块化不间断施工工序。十字形钢柱及预应力钢桁架梁的精细化制作模块、大悬臂区域及其他区域的整体吊装及连接固定模块、预应力索的张拉力精确施加模块的实施是使工程连续、高质量施工的保证。十字形钢骨架及预应力箱梁钢桁架按照参数化精确下料、采用组立机进行整体的机械化生产。实现局部大截面预应力构件在箱梁钢桁架内部的永久性支撑及封装,预应力结构翼缘、腹板的尺寸偏差均在 2 mm 范围之内,并对桁架预应力转换节点进行优化,形成张拉快捷方便,可有效降低预应力损失的节点转换器。

(三)预应力钢结构绿色施工的技术要点

1. 预应力构件的精细化制作技术

(1)十字形钢骨柱精细化制作技术要点

第一,合理分析钢柱的长度,考虑预应力梁通过十字形钢柱的位置。

第二,入库前核对质量证明书或检验报告并检查钢材表面质量、厚度及局部平整度,现场抽样合格后使用。

第三,十字形钢构件组立采用 H 型钢组立机,组立前,施工人员应根据图纸确定组立构件的是否符合要求,如腹板的长度和宽度、翼缘板的长度和宽度、构件的厚度等,确认无误后方可作业。比较常见的数据要求是:腹板与翼缘板垂直度误差上限为 2 mm;腹板对翼缘板中心偏移低于 2 mm;腹板与翼缘板点焊距离为 400 mm,误差上限为 30 mm;腹板与翼缘板点焊焊缝高度低于 5 mm,长度 40～50mm;H 型钢截面高度偏差上限为 3 mm。上述数据仅供参考,实际施工应根据图纸要求。

（2）预应力钢骨架及索具的精细化制作技术要点

大跨度、大吨位预应力箱型钢骨架构件的制作通常使用单元模块化拼装技术，通过结构内部封装施加局部预应力构件。在制作预应力钢骨架时，应采取精密的切割技术，接坡口切割下料后，应进行二次矫平。

预应力钢骨架腹板的两个长边可使用刨边加工隔板，在组装前，应先对四周进行铣边加工，通过工艺隔板组装的方式，按照 T 形盖部件上的结构，在箱形构件组装机上进行定位和组装，在组装两侧 T 形腹板部件时，注意与横隔板各工艺隔板应采取顶紧定位组装。无黏结预应力筋的钢绞线在制作时应符合国家相关规定，每根钢丝不能存在接头和死弯，死弯应切断，再用专用防腐油脂涂料或外包层对无黏结预应力筋外表面

2. 主要预应力构件安装操作要点

施工时需保证十字形钢骨架吊在空中时柱脚高于主筋一定距离，以利于钢骨柱能够顺利吊入柱钢筋内设计位置，吊装过程需要分段进行，并控制履带吊车吊装过程中的稳定性。

若钢骨柱吊入柱主筋范围内时操作空间较小，为使施工人员能顺利进行安装操作，考虑将柱子两侧的部分主筋向外梳理，当上节钢骨柱与下节钢骨柱通过四个方向连接耳板螺栓固定后，塔吊即可松钩，然后在柱身焊接定位板，用千斤顶调整柱身垂直度，垂直度调节通过两台垂直方向的经纬仪控制。

无黏结预应力钢绞线制作完成后应有外包装，成盘运输，避免搬运造成损坏。搬运中使用的吊索也应外包尼龙带、橡胶等材料，轻拿轻放，不得投掷、拉拽。根据设计要求、孔道长度、张拉伸长值、锚具厚度、张拉端工作长度等确定下料长度，使用砂轮切割机切断。张拉前，拉索的主体钢结构应全部安装完成，查验支座情况，以及与拉索相连的中间节点的转向器情况，避免影响结构受力。拉索安装和查验要求如下。

第一，制作拉索时应确保长度充足。

第二，如果是一端张拉的钢绞线束，穿索应从固定端开始穿束；如果是两端张拉的钢绞线束，穿索应从桁架下弦张拉端开始穿束，同束钢绞线依次穿入。

第三，穿索后应立即将钢绞线预紧并临时锚固。

在拉索张拉前，为了便利后续施工操作，应提前架设好操作平台和挂篮等，做好技术交底。设备预先做好检验和调试，确保设备运行良好。拉索张拉设备配

套完备，摆放整齐，做好标定。拉索张拉过程中为确保作业人员安全严禁无关人员出入，

钢绞线拉索的张拉点主要分布在 5 层吊柱的底部，或是桁架内侧悬挑上弦端和下弦端。对于吊柱底部的张拉点可直接搭设在外脚手架；对于桁架内侧上弦端的张拉点，可站立在桁架上作业，通过张拉端定位节点固定；对于桁架内侧下弦端的张拉点，需搭建一个 2 m×2 m×3.5 m 的脚手平台，工作台应满足荷载能力大、稳定性强、立杆强度大的要求，能够承受作业人员、千斤顶和其他施工设备，张拉分两个循环进行。由于钢绞线结构变形小，在逐根张拉的时候，张拉的先后顺序对预应力的影响不明显。对于单根钢绞线张拉的孔道摩擦损失和锚固回缩损失，则通过超张拉来弥补预应力损失。

(四)预应力钢结构绿色施工的质量控制

1. 质量保证管理措施

实施全项目全面质量管理，建立科学有效的质量管理体系。按照国家和行业规定标准和企业质量保证文件，成立质量管理机构，建立以预控预应力钢结构的制作、吊装及张拉过程中的质量要求和工艺标准。实施严密、科学的检测手段和质量保护措施为工程质量保驾护航。

(1)施工过程中要严格把控钢结构的安装精度。在安装钢结构的时候，必须对钢结构尺寸进行严格的检查复核，以复核的尺寸数据计算施工模型，并用计算出的最新数据作为预应力张拉施工和施工监测的依据和指导。

(2)安装钢撑杆的上节点时，安装位置要严格按照全站仪打点定位；安装钢撑杆的下节点时，安装位置要严格按照工厂预张拉时所做标记定位，如此才能确保钢撑杆的安装位置符合设计要求。

(3)拉索的存放应注意防潮防雨；成圈的产品应采取水平堆放，如果需要重叠堆放，还应在每层间放置垫板，防止锚具压伤拉索护层。安装拉索时，应注意保护拉索护层不要损坏。

(4)为了消除索的非弹性变形，保证在使用时的弹性，应在工厂内进行预张拉。制订质量管理机制，通过先进的施工工艺和技术提高施工质量，完善自检、互检制度，做好工序交接，及时做好记录。

2. 预应力拉索张拉的质量保证措施

拼装屋盖钢结构过程中应严格把控拼装精度，尽量减小误差。在穿束拉索

时，注意保护索头、索体、固定端和张拉端不受损坏。机械设备应满足施工需求，设专人管理、维护与保养，张拉设备在使用前需进行校正。每个张拉点至少设一人进行看管，每台油泵设一人进行看管，所以看管人员均由高级技术人员统一管理和指挥。每日做好交底记录，完成一道工序应及时进行验收，做好验收记录，张拉过程中油泵操作人员要做好张拉记录。

张拉操作前应确保结构整体成形后方可实施，为了确保张拉锚固后能够达到设计预应力，在正式操作前应进行预应力损失试验，测量摩擦损失以及锚具回缩损失值，从而计算出超张拉系数。同束钢绞线张拉顺序应遵循对称原则，严格控制直接与拉索相连的中间节点的转向器和张拉端部的垫板的空间坐标精度，张拉端的垫板应与索轴线垂直。在张拉时，施工人员应加强对设备的把控，千斤顶油压应平稳、缓慢，有效控制锚具回缩量；千斤顶与油压表需配套校验，并做好记录，计算出与拉索张拉力相应的油压表读数，并依次为依据控制千斤顶实际张拉力。拉索张拉时不可同时对张拉结构进行其他项目施工，若在施工过程中出现异常，应立即中止操作，排查异常原因，排除异常后方可继续操作。

3. 预应力构件制作的质量保证措施

如果是形状规则但规格比较多的零件可以通过定位模下料的方法，采用此法时应确保定位靠模和下料件的准确性，根据样板和样杆的按照随时检查。完成下料后应检查零件的数量和规格，做好下料记录。

4. 切割、制作及矫正的质量控制措施

在实施切割前，应对材料的型号、牌号、规格等进行检查与核验，确保符合设计图纸要求。检查钢板表面是否有铁锈、油污等污渍，及时清理。切割过程中，应严格根据断线符号要求确定切割程序，按照工程结构的要求，选用恰当的切割工具和切割方法；切割钢材时，应按照钢材的形状选择恰当的切割方法，边缘处应进行整光，不得出现歪曲、撕裂、夹渣、裂纹、分层、棱边等问题，超过1 mm的缺棱应去除毛刺。切割构件的切线与号料线的偏差应控制在±1.0 mm之内。

5. 预应力钢架结构安装的质量保证措施

测出支座预埋板的中心点，在中心点两侧300 mm处各引测一点，这三点应在同一水平线上。使用激光经纬仪确定主体构件支座与主桁架的垂直线，各点的连线应成一条直线，如果各点偏差超过公差范围应上报技术部门，待技术部门给出通过审批的方案方可实施安装。

在主体构件外侧设置控制点，通过主体构件中心点坐标与控制网中任意一点的相互关系进行坐标转换与角度转换，并通过这种方法确定十字中心线。通过水准仪和水平尺测量支座中心点与中心点四角的标高，计算出预埋板的水平度和高差，如果超过了设计范围或规范允许范围，则需增加垫板直至符合规范要求。

在安装预应力钢桁架过程中，应根据主体结构杆件的吊装要求确定支承架的十字线，在支架基础吊上支承架定对十字线。主体结构杆件的吊装定位全部采用全站仪进行精确定位，通过平面控制网和高层控制网进行坐标的转换，在吊装过程中对主桁架两端进行测量定位，发现误差及时修正。测量时应采用多种方法测量并相互校核，以解决施工机械的振动、胎架模具的遮挡对观测的通视、仪器稳定性等的干扰。钢构件安装过程中应对桁架进行变形监测，并及时校正，以克服在拆除临时支撑后或滑移过程中自身荷载对钢构件产生的变形影响。

（五）预应力钢结构绿色施工的环境保护措施

1. 水污染保护措施

实现水的循环利用，现场设置洗车池、沉淀池和污水井，对废水、污水集中做好无害化处理，以防止施工废浆乱流，罐车在出场前均需要用水清洗，以保证交通道路的清洁，减少粉尘的污染。

2. 光污染保护措施

光污染的控制要求：对焊接光源的污染科学设置焊接工艺，在焊接实施的过程中设置黑色或灰色的防护屏以减少弧光的反射，起到对光源污染的控制作用。夜间作业的照明设备应优先选择新型灯具，不仅能满足夜间作业需求，也不刺眼，降低强光对邻近社区的影响。照明设备的高度和角度要进行计算和调整，避免影响周围居民日常生活。同时，选用先进的施工机械和技术措施，做好节水、节电工作，并严格控制材料的浪费。

3. 环境污染保护措施

认真贯彻落实《中华人民共和国环境保护法》等有关法律法规及遵照各企业环境管理要求，建立健全施工现场环境保护责任制和管理制度，制订各项环保标准，定期巡检、考评，建立一系列环保措施，将环境保护落到实处。技术人员应对施工人员做好技术交底，创建施工现场文明施工档案。定期对施工通道进行洒扫，抑制扬尘。施工场内标牌齐全，表示清晰、醒目，场内各区域干净、整齐、整洁，文明有序，

4. 大气污染保护措施

防止大气污染的措施主要体现在：在预应力构件制作现场保证具备良好的通风条件，通过设置机械通风并结合自然通风，以保证作业现场的环保指标。施工队伍进场后，在清理场地内原有的垃圾时，采用临时专用垃圾坑或采用容器装运，严禁随意凌高抛撒垃圾并做到垃圾的及时清运。

5. 噪声污染保护措施

施工现场应严格遵守《建筑施工场界环境噪声排放标准》要求，制订降噪制度，实施降噪措施，在施工过程中严格控制噪声。施工单位应做好工期计划，避免吊装施工昼夜连续作业，若工期紧迫必须昼夜连续作业，则应采取有效降噪措施，向相关单位备案申报，待审批通过后方可施工。对于焊接降噪，可在施工车间的墙壁上安装吸声材料降低噪音。全面提高施工人员防噪、降噪意识。强噪声机械施工应尽可能放在白天施工或封闭的机械棚内施工；对噪声超标的机械施工，应严格限制作业时间，尽可能放在 7：00—12：00 和 14：00—22：00 作业，降低对周围居民生活的影响。

三、大跨度空间钢结构预应力施工技术

近年来，我国在预应力钢结构的结构形式、施工技术、拉索材料方面都取得了显著进步，其中，拉索材料由过去的钢丝绳组装索、钢绞线组装索向钢拉杆、高强钢丝束等建筑工业成品方向发展；钢丝表面的防腐技术升级，从过去的镀锌发展到现在镀锌铝和环氧喷涂。结构形式也有了较大创新，出现了预应力桁架、网格、索桁架、弦支穹顶、索穹顶、次杂交结构等，不是单纯的制作、安装和张拉，还将索头、节点和张拉机具相结合，做到了钢结构与拉索施工从设计到张拉的全过程施工管理。

预应力钢结构是现代预应力技术在立体桁架、网壳、网架等空间网格结构中的应用，与索、杆组成的张力结构共同构成的新型杂交结构体系，如索桁架、弦支穹顶、索网、悬吊结构、预应力桁架、张弦梁、张拉膜结构索拱等，这些结构能够广泛应用于火车站、飞机场、体育场馆、会展中心、工业厂房等建筑中。大跨度空间钢结构的预应力技术涉及多种复杂结构形式和新型拉索材料，具有材料强度高、施工技术难、理论分析复杂的特点。

（一）结构形式的发展

在我国应用较多的预应力钢结构形式主要有斜拉结构、索桁架、索网、预应力桁架、索穹顶、弦支穹顶、索拱以及多次杂交结构、特殊结构等，这些结构形式大多数是在国外先进技术和工艺的基础上发展而来的，近年来，不分结构形式在我国的应用规模已经远超国外。

1. 斜拉结构

斜拉结构主要由三个部分构成，分别是刚构、桅杆（或塔柱）和斜拉索。斜拉索在刚构的上方，能为刚构提供弹性支撑，减少结构变形和支座弯矩，实现更大跨度，节约钢材。最早的斜拉结构多用于小型结构，随着材料和工艺的升级，斜拉结构的应用更加广泛。

2. 索拱结构

索拱用于提高结构的整体承载力和刚度，通过拉索、撑杆或钢其他形式的拱肋进行组合，通过拉索形成牵制作用或撑杆的支撑作用，有效降低支座推力和钢拱的缺陷敏感性，甚至能够消除由于钢拱的整体失稳转变为由强度控制其结构设计。

3. 索穹顶结构

索穹顶结构主要由四个部分构成，分别是斜索、环索、压杆和脊索，是一种全张力结构，预应力是该结构的必要因素。索穹顶在施工和工作状态下都具有很强的非线性，因此对结构分析、设计和施工要求很高，这也是索穹顶会成为预应力钢结构研究热点的原因之一。索穹顶往往和膜面相结合，成为一种张拉膜结构形式。但是，膜面的成本较高，保温性、耐久性、声学性都比较差，且不耐脏，因而现在更多采用刚性屋面的穹弯顶。

4. 索桁架结构

索桁架主要由三个部分构成，分别是稳定索、中间腹索或腹杆、承重索。稳定索的线形上凸，为负曲率，主要承受竖直向上的荷载（如风吸力等）；腹索或腹杆连接承重索和稳定索，形成结构整体；承重索的线形下凹，为正曲率，主要承受竖直向下的荷载（如自重、屋面活载等）。索桁架的预应力需要大刚度的边梁来平衡。

5. 张弦梁/桁架

张弦梁结构是一种新型自平衡体系，由刚性构件上弦、柔性拉索中间连以撑杆形成的混合结构体系。张弦梁结构是混合结构体系中具有重要意义的创新，它的结构体系简单，形式多样，受力明确，能够充分发挥刚柔两种材料的优势。并且，张弦梁结构容易制造，方便运输，施工快捷，具有广阔的应用前景。

桁架是由杆件在两端用铰链连接而成的结构，由直杆组成的桁架通常具备三角形单元的平面结构或空间结构。桁架能够充分发挥材料的强度，承受轴向压力或拉力，在大跨度应用中能够有效节约材料，从而降低自重，增大刚度。

6. 弦支穹顶结构

弦支穹顶是一种新型预应力空间结构，主要由四部分构成，分别是撑杆、网壳、环向索和径向索。其中，撑杆分为"V"字形和"I"字形两种；网壳有凯威特型、联方型、环肋型三种；索系主要分为 Ceiger 型和 Levy 型两种。弦支穹顶的索杆体系会呈"N"字形布置在网壳下方，起到平衡支座推力、提高结构整体稳定性的作用。索杆体系的布置可以采用径向索张拉、环索张拉和顶撑张拉等方式。弦支穹顶具有成本低廉、力流合理、效果美观等优点。

7. 多次杂交结构

预应力钢结构是由基本的刚构、索和杆三者构成的，如索网由承重索和稳定索构成，索桁架由承重索、稳定索和腹索或腹杆构成，索穹顶由上弦径向索、下弦径向索、环向索和撑杆构成，弦支穹顶由网壳、环向索、径向索和撑杆构成，张弦梁由上弦刚构、下弦索和撑杆构成，斜拉结构由刚构、斜拉索和桅杆或塔柱构成，预应力桁架由索和桁架构成，索拱结构由索和拱构成等。

无论是索桁架、索穹顶还是索网都是由纯索或索和杆构成的，拉索及其预应力是构成结构的必要元素，换言之，如果没有拉索或预应力，也无法形成这些结构，即张力结构。而弦支穹顶、张弦梁、索拱、斜拉结构以及预应力桁架等都包括刚构在内，就算结构中不包含拉索或预应力，其他的刚构也能够维持自身的稳定，这类结构是由刚构和一种类型的索杆体系杂交而成，即杂交结构。但在某些预应力钢结构工程中，结构是由刚构和两种或以上类型的索杆系杂交而成的，这类解结构被称为二次杂交结构或多次杂交结构。

8. 预应力钢桁架结构

预应力钢桁架结构由钢桁架和拉索构成，其结构具有较大刚度，拉索的作用主要是改善钢桁架的内力状况。

9. 特殊高层预应力钢结构

预应力钢结构广泛应用于公共建筑和工业建筑的大跨屋盖工程中，且在高层建筑中也有所应用。

（二）预应力钢结构的类型

预应力钢结构从最初的撑杆梁和吊车梁这种简单的形式逐渐发展到现在索穹

顶、玻璃幕墙、索膜结构、张弦桁架等种类。大体上，预应力钢结构可归纳为下述四种类型。

1. 传统结构型

传统结构型是在传统的钢结构体系上布置索系施加预应力，如网架、桁架、网壳等，用于改善结构应力状态，同时能够控制成本、降低结构自重，主要用于会展中心、候机大厅等建筑结构中。

2. 吊挂结构型

吊挂结构型由三部分组成，分别是竖向支撑物、吊索和屋盖。支撑物，如门架、立柱、拱脚架等，高出屋面。在支撑物的顶部下垂钢索吊挂屋盖。对吊索施加预应力能够调整屋盖内力，形成弹性支点，增强结构稳定性。因为支撑物和吊索通常是裸露在外的，所以也被称为暴露结构。

3. 整体张拉型

该类钢结构属于创新结构体系，跨度结构中摈弃了传统受弯构件，全部由受张索系及膜面和受压撑杆组成。屋面结构极轻，设计构思新颖，是先进结构体系中的佼佼者。

4. 张力金属膜型

金属膜片固定于边缘构件之上，既作为维护结构，又作为承重结构参与整体承受荷载；或在张力状态下，将膜片固定于骨架结构之上，形成空间块体结构，覆盖跨度。两者都是在结构成型理论指导下诞生的预应力新型体系，它们被应用于莫斯科奥运会的几个主赛场馆中。

（三）施加预应力的方法

施加预应力的方法主要有四类。

1. 钢索张拉法

通过千斤顶张拉索端在结构中产生卸载应力的原理在结构体系中布置钢索，是目前十分常见的技术工艺，但钢索端必须设置锚头进行固定，增加了材料消耗和施工成本。

2. 支座位移法

支座位移法是在连续梁和超静定结构中，人为改变支座位置，调整支座内力、减小结构截面面积、降低弯矩峰值等。该法能够有效节省施工材料，降低工艺难度，适用于地基基础较好的工程。

3. 弹性变形法

钢材在弹性变形条件下，将组成结构的杆件和板件连成整体。当这种强制外力卸除后，钢材结构内会出现恢复力和有益预应力。该法常见于工厂生产预应力构件产品过程中。

4. 手工简易法

手工简易法用于中、小跨径，施加张力不大的情况下，如拧紧螺母张拉拉杆，用正反扣螺栓横向推拉拉索产生张力等手工操作法，简易可行，便于推广，适用于广大地区。

（四）预应力技术的优点

第一，可以改变结构的受力状态，满足设计人员所要求的结构刚度、内力分布和位移控制。

第二，通过预应力技术可以构成新的结构体系和结构形态（形式），如索穹顶结构等。可以说，没有预应力技术，就没有索穹顶结构。

第三，预应力技术可以作为预制构件（单元杆件或组合构件）装配的手段，从而形成一种新型的结构，如弓式预应力钢结构。

第四，采用预应力技术后，或可组成一种杂交的空间结构，或可构成一种全新的空间结构，其结构的用钢指标比原结构或一般结构可大幅度降低，具有明显的技术经济效益。

第三节 装饰装修工程施工技术

一、装饰装修工程施工技术要点

第一，施工前，应对所需建筑材料进行合理安排和规划，提高材料利用率，避免浪费。

第二，块材、门窗、板材、幕墙等可采用批量加工，减少现场加工，避免产生噪声、能耗、废水和临时占地。

第三，装饰用砂浆优先采用预拌砂浆，及时回收落地灰尘，采取必要抑尘措施。

第四，根据需要建筑装饰的位置、部位和特点，对装饰半成品和成品采取对应保护措施，避免污染返工或损坏修复。

第五，做好建筑材料的外包装物回收与再利用。

第六，室内防潮、防腐处理禁止使用煤焦油类、沥青类等材料。

第七，制订材料管理制订，做好材料使用规划和减量计划，降低材料损耗，限制材料损耗率。

第八，民用建筑工程的室内装修，采用的黏剂、涂料和胶水性处理剂等，其中苯、游离甲醛、挥发性有机化合物等含量应符合国家相关标准。

第九，民用建筑工程验收时，必须进行室内环境污染物浓度检测。

二、装饰装修工程施工技术内容

（一）地面工程

1. 地面基层处理及规定

可使用吸尘器清理基层粉尘，如果没有特殊的防潮要求，还可采取洒水的方式降尘。若需要剔凿基层，应选用低噪声的剔凿机具和剔凿方式。

2. 地面找平层、隔汽层、隔声层施工及规定

严格把控找平层、隔汽层、隔声层厚度，检测厚度是否符合设计允许偏差的负值范围内。如果是干作业，应采取必要的防尘、降尘措施；如果是湿作业，则应采用喷洒等方式进行保湿养护。

3. 水磨石地面施工及规定

管线口和地面洞口应进行封堵，施工过程中应对墙面采取必要的防污染措施。施工完毕后应将剩余的水泥浆收集起来。其他饰面层作业需在水磨石地面施工完毕后进行。现制水磨石地面应采取控制污水和噪声的措施。

4. 其他注意事项

施工现场切割地面块材时，应采取降噪措施；污水应集中收集处理。地面养护期内不得上人或堆物，地面养护用水应采用喷洒方式，严禁养护用水溢流。

（二）吊顶工程

第一，吊顶施工应减少板材、型材的切割。

第二，吊顶施工避免大面积使用温湿度敏感材料。温湿度敏感材料是指容易

受湿度和温度变化影响的装饰材料，如木工板、纸面石膏板等。这些材料受影响后外形、强度等都会产生较大变化，影响结构稳定，在使用时应采取有效防变形、防开裂措施。

第三，在对高大空间顶棚实施整体施工时，最好选择用地面拼装、整体提升就位的施工方式和可移动式操作平台，降低搭建脚手架的作业两，省材、省力、省空间。

（三）门窗及幕墙工程

门窗材料为塑钢、木材、金属等材料时应采取有效的成品保护措施，避免对门窗表面和形状、结构造成损伤。外门窗安装与外墙面装修应同步进行。门框、窗框周围的缝隙应采用防水保温材料进行填充。主体结构和幕墙预埋件应在结构施工时进行埋设。门窗连接件应采用耐腐蚀材料，或进行必要的防腐措施。

（四）隔墙及内墙面工程

不可使用实心烧结黏土砖作为隔墙材料，应选用轻质墙板或质砌块砌体。预制板或轻质隔墙板间的缝隙应采用微膨胀或弹性材料填塞。抹灰墙面最好采用喷雾法进行养护。涂刷溶剂型涂料或使用溶剂型腻子找平前，应确定抹灰基层或混凝土的含水率是否低于8%，若超过8%则应采取相应措施降低后方可施工。涂刷乳液型涂料或使用乳液型腻子找平前，应确定抹灰基层或混凝土的含水率是否低于10%，若超过10%则应采取相应措施降低后方可施工。木材基层的含水率应控制12%以内。涂料施工应采取遮挡、防止挥发和劳动保护等措施。

第四节　建筑安装工程施工技术

一、大截面镀锌钢板风管的制作与绿色安装技术

（一）大截面镀锌钢板风管的构造

镀锌钢板风管的接缝截面尺寸在达到或超过一定界限后会大大降低风管自身强度，随着时间增长会出先凹陷、翘曲、平整度超差等一系列问题，最终 影响

建筑整体功能和质量。基于"L"形插条下料、风管板材合缝以及机械成型"L"形插条准确定位安装的大截面镀锌钢板风管，主要通过用同型号镀锌钢板加工成"L"形插条在接缝处进行固定补强，在选取风管的自动生产线和配套设备时，应根据风管的尺寸进行选择。在加工过程中，可使用相同规格的镀锌钢板板材余料制作"L"形风管接缝处的补强构件，使用单平咬口机加工制作咬口，在施工现场使用手工链接和固定。

（二）大截面镀锌钢板风管绿色安装的技术特点

大截面镀锌钢板风管采用"L"形插条补强连接的全新加固方法，克服了接缝处易变形、翘曲、凹陷、平整度超差等质量问题，降低了因质量问题导致返工的成本，形成了充分利用镀锌钢板剩余边角料在自动生产线上一次成型的精细化加工制作工艺。这种补强、加固的方法能够有效克服风管因接缝截面尺寸过大而出现的角变形、扭曲灯问题，还能进行工厂化加工，在施工现场安装、调整。镀锌钢板风管的"L"形加固插条不需要运用铆钉固定，能够充分利用镀锌钢板材的余料，避免材料浪费，绿色环保、经济节能。

（三）大截面镀锌钢板风管绿色安装的技术要点

所有主材料在进场施工前都需进行严格验收，检验其是否符合相关规定，满足设计要求。在施工前，检验、标定所有主要机具，检查合格后才能正式投入使用。现场机械、材料准备就位，机器运行状态良好，用电安全防护措施到位，按照常规工艺对板材进行咬口，同时控制加工精度。根据设计要求选择厚度恰当的钢板，咬口加工应按照系统功能要求，避免风管表面出现凸出、下沉等问题。风管自动生产线应设专人负责，规范下料程序，确保咬口宽度一致。

控制镀锌钢板的弯曲度，保证折边平直，弯曲度地域 5/1000。弹性插条应与薄钢板法兰相匹配，角钢与薄钢板法兰四个角的接口贴紧、牢固，端面平整，相连接不能有超过 2 mm 的连续穿透缝。将风管板材咬口合缝，手工敲打成拼缝，风管板材插口合缝时锤印一致，在风管插条合缝处涂抹密封胶，涂胶前缝口应清理干净。

（四）大截面镀锌钢板风管绿色安装中的环境保护措施

1. 材料的技能环保

充分利用镀锌钢板边角料作为"L"形插件的主材；强化对材料管理的措施和

现场绿色施工的要求，从本质上实现直接和间接的节能降耗。

2. 节能环保的组织与管理

施工现场实行节能环保管理制度，加强对扬尘、噪声、排污设备的管理，并定期进行检查评价。

3. 实施过程中的节能环保

施工场地合理规划使用，场内标志清楚、齐全，标识醒目，地面规范整洁。保证施工现场道路平整，加工场内无积水。优先使用先进、环保机械和加工工艺，加强对噪声大的设备管理，施工过程中采取有效降噪、隔音措施。

二、异形网格式组合电缆线槽的绿色安装技术

（一）异形网格式组合电缆线槽

建筑智能化与综合化对相应的设备，特别是电气设备的种类、性能及数量提出更高的要求，建筑室内的布线系统呈现出复杂、多变的特点，给室内空间的装饰装修带来一定的影响，传统的线槽模式如钢质电缆线槽、铝合金质线槽、防火阻燃式等类型，一定程度上解决了布线的问题，但在轻巧洁净、节约空间、安装更换、灵活布局以及与室内设备、构造搭配组合等方面仍然无法满足需求，全新概念的异形网格式组合电缆线槽，在提高品质、保证质量、加快安装速度等领域技术优势明显。

异形网格式组合电缆线槽是将电缆进行集中布线的空间网格结构，它可灵活设置网格的形状与密度。不同的单位可以组合成大截面电缆线槽，以满足不同用电荷载的需求，同时各种角度的转角、三通、四通、变径、标高变化等部件的现场制作是保证电缆桥架顺利连接、灵活布局的关键。支吊架的设计以及线槽与相关设备的位置实现标准化，可大幅度提高安装的工程进度，在保证安全、环保、卫生的前提下最大限度地节约室内有限空间。

（二）异形网格式组合电缆线槽绿色安装的技术特点

采用面向安装位置需求的不同截面电缆线槽的现场组合拼装，通过现场制作不同角度的转角、变径、三通、四通等特殊构造，实现对电缆线槽布局、走向的精确控制，较传统的电缆线槽的布置更加灵活、多样化，局部区域可节约室内空间 10% 左右。采用直径 4～7 mm 的低碳钢丝根据力学原理进行优化配置，混合

制成异形网格化组合电缆线槽，网格的类型包括正方形、菱形、多边形等，可根据配置需要灵活设置，每个焊点都是精确焊接的，其重量是普通桥架的40%左右，可散发热量并可保持清洁。

采用适用于不断更换、检修需要的单体拼接开放式结构，对不同的线槽单体进行标志，对总的线槽进行分区，同时在组合过程中预留接口形成半封闭系统，有利于继续增加线槽单体，满足用电容量增加的需要。

(三)异形网络式组合电缆线槽绿色安装的技术要点

1. 使用前准备工作

根据电气施工图纸确定网格式电缆线槽的立体定位、规格大小、敷设方式、支吊架形式、支吊架间距、转弯角度、三通、四通、标高变换等。

2. 电缆线槽与设备槽关系准确定位的绿色安装技术要点

异形网格式组合电缆线槽与一般工艺管道平行净距离为0.4 m，交叉净距离为0.3 m；当异形网格式组合电缆线槽敷设在易燃易爆气体管道和热力管道的下方，在设计无要求时，与管道的最小净距离应符合表3-1的规定。

表3-1 异形网络式组合电缆线槽与管道的最小净距

管道类别		电缆线槽与管道的最小净距/m	
		平行净距	交叉净距
热力管道	有保温层	0.5	0.3
	无保温层	1.0	0.5
易燃易爆气体管道		0.5	—

异形网格式组合电缆线槽不能布置在腐蚀性液体管道的下方和腐蚀气体管道的上方。如要布置，则异形网格式组合电缆线槽与腐蚀性液体(或气体)管道的距离至少为0.5 m，同时采取有效隔热、防腐措施。强电异形网格式组合电缆线槽与强电异形网格式组合电缆线槽上下多层安装时，间距宜为300 mm；强电异形网格式组合电缆线槽与弱电异形网格式组合电缆线槽上下多层安装时，上下两层的最佳间距为500 mm，最小间距不得低于300 mm，且需采取有效屏蔽措施。控制电缆异形网格式组合线槽与控制电缆异形网格式组合线槽上下多层安装时，二者的最佳间距为200 mm。异形网格式组合电缆线槽沿顶棚吊装时，最佳间距为300 mm。

3. 吊架的制作与安装的技术要点

吊架形式应考虑异形网格式组合电缆线槽的规格、线缆重量、线缆敷设方式等，目前常见的吊架形式有中间悬吊式、托臂式、落地式等。

吊架安装间距应考虑网格式电缆桥架的规格、材质、线缆重量等因素，吊架最佳间距为 1.5～2.5 m，同一水平面内水平度偏差最大不能超过 5 mm/m，同时应考虑网格式电缆对周围设备的影响。

在安装异形网格式电缆桥架垂直时，间距不得超过 2 m，直线度偏差最大为 5 mm/m。桥架穿越楼层时不能成为固定点，托架、支吊架应与桥架固定。安装支吊架时要测量拉线定位，确定其方位、高度和水平度。

4. 异形网格式组合电缆线接地安装的技术要点

异形网格式组合电缆线槽系统应敷设接地干线，确保其具有可靠的电气连接并接地。异形网格式组合电缆线槽安装完毕后，要对整个系统每段桥架之间跨接连接进行检查，确保相互电气连接良好，在伸缩缝或软连接处需采用编织铜带连接。异形网格化电缆线槽及其支架或引入或引出的金属电缆导管，必须接地或接零可靠，宜安装 95 mm² 裸铜绞线或 L25×4 扁铜排作为接地干线，异形网格式电缆线槽及其支架全长不少于两处与接地或接零干线相连接。敷设在竖井内和穿越不同防火区的电缆线槽，按设计要求位置设置防火隔堵措施，用防火泥封堵电缆孔洞时封堵应严密可靠，无明显的裂缝和可见的孔隙，空洞较大时加耐火衬板后再进行封堵。

（四）异形网格式电缆线槽绿色安装的质量控制

1. 异形网格式电缆线槽绿色安装的质量控制标准

异形网格式电缆线槽安装应符合国家相关规定，做好安装记录和质量验收工作，按要求进行工程交接报验。

2. 异形网格式电缆线槽绿色安装的质量控制措施

严格控制材料的下料，依据相关的图纸进行参数化下料，并控制制作过程中的变形。下料制作前进行弹线放样，严格按照图样进行加工制作，并做好制作过程中的防变形措施。地面预拼装组合，严防电缆线槽吊装过程中的变形。所有异形网格式组合电线槽的吊杆要根据负荷选择，合理选择吊架及其吊架的位置布置间距，保证不发生任何变形。严格控制异形网格式组合电缆线槽与其他相关设备之间的距离，避免相互之间的干扰。异形网格化组合电缆线槽安装完毕后需加设防晃支架，以保证其稳定性和安全性。如需交叉作业，还应做好异形网格化组合电缆线槽的各项成品保护工作。

（五）异形网格式电缆线槽绿色安装绿色施工的环境保护措施

贯彻环境保护交底制度，在施工过程中深入贯彻落实"三同时"制度，建立材料管理制度，严格按照公司有关制度办事，符合国家相关规定，做到账目清晰，账实相符，管理严格有序。

施工现场所有机械、设备、机具等摆放有序、整齐，干净整洁，能够正常使用、运行。设专人保管设备、材料及场地卫生。设专人分管施工现场各区域日常管理，如垃圾堆放、安全设施摆放等，实行文明施工责任制。现场所有建筑材料、零件、板块、成品等应分类保存，整齐堆放，标志清晰。夜间施工照明应调整光线角度，降低对相对社区的影响。建筑垃圾应分门别类进行堆放，有毒害垃圾应单独分类堆放，并设置有效隔离措施。垃圾清运应采用封闭式运输，避免在运输过程中造成污染。

第四章

绿色施工
环保措施

绿色施工的实现主要是依靠满足目标要求，采取一系列措施，并在施工过程中得以贯彻执行。这些措施包括管理措施和技术措施。本章主要按"四节一环保"分别介绍现阶段实施绿色施工主要采取的措施。

第一节　节材与材料资源利用

节材与材料资源利用是住房和城乡建设部重点推广的九个领域之一。是指材料生产、施工、使用以及材料资源利用各环节的节材技术，包括绿色建材与新型建材、混凝土工程节材技术、钢筋工程节材技术、化学建材技术、建筑垃圾与工业废料回收应用技术等。

一、建材选用

（一）使用绿色建材

选用对人体危害小的绿色、环保建材，满足相关标准要求。绿色建材是指采用清洁生产技术、少用天然资源和能源、大量使用工业或城市固态废物生产的无毒害、无污染、无放射性、有利于环境保护和人体健康的建筑材料。它具有消磁、消声、调光、调温、隔热、防火、抗静电的性能，并具有调节人体机能的特种新型功能建筑材料。

（二）使用可再生建材

可再生建材是指在加工、制造、使用和再生过程中具有最低环境负荷的，不会明显的损害生物的多样性，不会引起水土流失和影响空气质量，并且能得到持续管理的建筑材料。主要是在当地形成良性循环的木材和竹材以及不需要较大程度开采、加工的石材和在土壤资源丰富地区使用不会造成水土流失的土材料等。

（三）使用再生建材

再生建材是指材料本身是回收的工业或城市固态废物，经过加工再生产而形成的建筑材料，如建筑垃圾砖、再生骨料混凝土、再生骨料砂浆等。

（四）使用新型环保建材

新型环保建材是指在材料的生产、使用、废弃和再生循环过程中以与生态环境相协调，满足最少资源和能源消耗，最小或无环境污染，最佳使用性能，最高循环再利用率要求设计生产的建筑材料。现阶段主要的新型环保建材有如下几类。

1. 降低传统建材生产成本

以最低资源和能源消耗、最小环境污染代价生产传统建筑材料。是对传统建筑材料从生产工艺上的改良，减少资源和能源消耗，降低环境污染，如用新型干法工艺技术生产高质量水泥材料。

2. 降低高能耗建材使用

开发、创新降低能耗的建材制品，建筑施工尽可能选择具有优良隔热、保温性能的新型建筑材料，能同时满足建筑设计与节能节材的需求。

3. 发展高性能材料

开发具有高性能长寿命的建筑材料。研究能延长构件使用寿命的建筑材料，延长建筑服务寿命是最大的节约，如高性能混凝土等。

4. 发展生态建筑材料

发展具有改善居室生态环境和保健功能的建筑材料。我们居住的环境或多或少都会有噪声、粉尘、细菌、放射性等环境危害，发展此类新型建材，能有效改善我们居住环境，如抗菌、除臭、调温、调湿、屏蔽有害射线的多功能玻璃、陶瓷、涂料等。

5. 发展环保建筑材料

发展能替代生产能耗高，对环境污染大，对人体有毒、有害的建筑材料。水泥因为在其生产过程中能耗高，环境污染大，一直是材料研究人员迫切想找到合适替代品替代的建材，现阶段主要依靠在水泥制品生产过程中添加外加剂，减少水泥用量来实现，如利用粉煤灰、矿渣、外加剂等新材料降低混凝土和砂浆中的水泥用量等。

（五）图纸会审时，应审核节材与材料资源利用的相关内容

（1）根据公司提供的《绿色建材数据库》结合现场调查，审核主要材料生产厂家距施工现场的距离，尽量减少材料运距，降低运输能耗和材料运输损耗，绿色

施工要求距施工现场 500 km 以内生产的建筑材料用量占建筑材料总重量的 70%
以上。

（2）在保证质量、安全的前提下，尽量选用绿色、环保的复合新型建材。

（3）在满足设计要求的前提下，通过优化结构体系，采用高强钢筋、高性能
混凝土等措施，减少钢筋、混凝土用量。

（4）结合工程和施工现场周边情况，合理采用工厂化加工的部品和构件，减
少现场材料生产，降低材料损耗，提高施工质量，加快施工进度。

（六）编制材料进场计划

根据进度编制详细的材料进场计划，明确材料进场的时间、批次，减少库
存，降低材料存放损耗并减少仓储用地，同时防止到料过多造成退料的转运
损失。

（七）制定节材目标

绿色施工要求主要材料损耗率比定额损耗率降低 30%。开工前应结合工程
实际情况，项目自身施工水平等制定主要材料的目标损耗率，并予以公示。

（八）限额领料

根据制定的主要材料目标损耗率和经审定的设计施工图，计算出主要材料的
领用限额，根据领用限额控制每次的领用数量，最终实现节材目标。

（九）动态布置材料堆场

根据不同施工阶段特点，动态布置现场材料堆场，以就近卸载、方便使用为
原则，避免和减少二次搬运，降低材料搬运损耗和能耗。

（十）场内运输和保管

（1）材料场内运输工具适宜，装卸方法得当，有效避免损坏和遗洒造成的
浪费。

（2）现场材料堆放有序，储存环境适宜，措施得当。保管制度健全，责任
落实。

（十一）新技术节材

（1）施工中采取技术和管理措施提高模板、脚手架等周转次数。

（2）优化安装工程中预留、预埋、管线路径等方案，避免后凿后补，重复施工。

（3）现场建立废弃材料回收再利用系统，对建筑垃圾分类回收，尽可能在现场再利用。

二、结构材料

（一）混凝土

1. 推广使用预拌混凝土和商品砂浆

预拌混凝土和商品砂浆大幅度降低了施工现场的混凝土、砂浆生产，在减少材料损耗，降低环境污染，提高施工质量方面有绝对优势。

2. 优化混凝土配合比

利用粉煤灰、矿渣、外加剂等新材料降低混凝土和砂浆中的水泥用量。

3. 减少普通混凝土的用量，推广轻骨料混凝土

与普通混凝土相比，轻骨料混凝土具有自重轻、保温隔热性、抗火性、隔声性好等特点。

4. 注重高强度混凝土的推广与应用

高强度混凝土不仅可以提高构件承载力，还可以减小混凝土构件的截面尺寸，减轻构件自重，延长使用寿命，减少装修。

5. 推广预制混凝土构件的使用

预制混凝土构件包括新型装配式楼盖、叠合楼盖、预制轻混凝土内外墙板和复合外墙板等，使用预制混凝土构件，可以减少现场生产作业量，节约材料，减低污染。

6. 推广清水混凝土技术

清水混凝土属于一次性浇筑成型的材料，不需要其他外装饰，既节约材料又降低污染。

7. 采用预应力混凝土结构技术

据统计，工程采用无黏结预应力混凝土结构技术，可节约钢材约 25%，混

凝土约 1/3，同时减轻了结构自重。

（二）钢材

1. 推广使用高强钢筋

使用高强钢筋，减少资源消耗。

2. 推广和应用新型钢筋连接方法

采用机械连接、钢筋焊接网等新技术。

3. 优化钢筋配料和钢构件下料方案

利用计算机技术在钢筋及钢构件制作前对其下料单及样品进行复核，无误后方可批量下料，减少下料不当造成的浪费。

4. 采用钢筋专业化加工配送

钢筋专业化加工配送，减少钢筋余料的产生。

5. 优化钢结构制作和安装方法

大型钢结构宜采用工厂制作，现场拼装；宜采用分段吊装、整体提升、滑移、顶升等安装方法，减少方案的措施用材量。

（三）围护材料

（1）门窗、屋面、外墙等围护结构选用耐候性、耐久性较好的材料。一般来讲屋面材料、外墙材料要具有良好的防水性能和保温隔热性能，而门窗多采用密封性、保温隔热性能、隔声性能良好的型材和玻璃等材料。

（2）屋面或墙体等部位的保温隔热系统采用配套专用的材料，确保系统的安全性和耐久性。

（3）施工中采取措施确保密封性、防水性和保温隔热性。特别是保温隔热系统与围护结构的节点处理，尽量降低热桥效应。

三、装饰装修材料

（1）装饰装修材料购买前，应充分了解建筑模数。尽量购买符合模数尺寸的装饰装修材料，减少现场裁切量。

（2）对于贴面类材料，在施工之前必须做出总体排版，规划材料使用和拼接方法，尽可能降低非整块材料的用量，避免浪费。

（3）尽可能降低木质板材的使用量，可使用能够作为替代的人造板材或非木质的新材料。

（4）各类涂料基层，如油漆、壁纸、防水卷材等，必须符合国家相关规定，使用后不出现脱落、起皮等问题。油漆、黏结剂等应遵循随用随开启的原则，不使用时应及时封口，避免长时间暴露在空气中。

（5）幕墙、预留件、预埋件等应与结构施工同步进行。

（6）木装饰用料、木制品、玻璃、以及一些标准化结构配件等，可在工厂采取工厂化定制或加工，既能节约材料，还能节约加工成本，便于安装，能够有效提高施工效率，提升经济效益。

（7）尽可能降低施工现场液态黏结剂的使用，在保证施工质量的前提下可采用自黏结片材等环保材料。

（8）推广土建装修一体化设计与施工，减少后凿后补。

四、周转材料

周转材料，是指企业能够多次使用、逐渐转移其价值但仍保持原有形态不确认为固定资产的材料，在建筑工程施工中可多次利用使用的材料，如钢架杆、扣件、模板、支架等。施工中的周转材料一般分为四类。

（1）模板类材料。浇筑混凝土用的木模、钢模等，包括配合模板使用的支撑材料、滑模材料和扣件等。按固定资产管理的固定钢模和现场使用固定大模板则不包括在内。

（2）挡板类材料。土方工程用的挡板等，包括用于挡板的支撑材料。

（3）架料类材料。搭脚手架用的竹竿、木杆、竹木跳板、钢管及其扣件等。

（4）其他。除以上各类之外，作为流动资产管理的其他周转材料，如塔式起重机使用的轻轨、枕木（不包括附属于塔式起重机的钢轨）以及施工过程中使用的安全网等。

（一）管理措施

（1）周转材料企业集中规模管理。周转材料归企业集中管理，在企业内灵活调度，减少材料闲置率，提高材料使用功效。

（2）加强材料管理。周转材料采购时，尽量选用耐用、维护与拆卸方便的周转材料和机具。同时，加强周转材料的维修和保养，金属材料使用后及时除锈、上油并妥善存放；木质材料使用后按大小、长短码放整齐，并确保存放条件，同时在全公司范围内积极调度，避免周转材料存放过久。

（3）严格使用要求。项目部应该制定详细的周转材料使用要求，包括建立完善的材料领用制度、严格材料周转使用制度（现场禁止私自裁切钢管、木枋、模板等）、材料周转报废制度等。

（4）优先选用制作、安装、拆除一体化的专业队伍进行模板施工。

（二）技术措施

（1）优化施工方案，合理安排工期，在满足使用要求的前提下，尽可能减少周转材料租赁时间，做到进场即用，用完即还。

（2）推广使用定型钢模、钢框胶合板、铝合金模板、塑料模板等新型模板。

（3）推广使用管件合一的脚手架体系。

（4）在多层、高层建筑建设过程中，推广使用可重复利用的模板体系和工具式模板支撑。

（5）高层建筑的外脚手架，采用整体提升、分段悬挑等方案。

（6）采用外墙保温板替代混凝土模板、叠合楼盖等新的施工技术，减少模板用量。

（三）临时设施

（1）临时设施采用可拆迁、可回收材料。

（2）临时设施应充分利用既有建筑物、市政设施和周边道路。

（3）最大限度的利用已有围墙做现场围挡，或采用装配式可重复使用围挡封闭的方法。

（4）现场办公和生活用房采用周转式活动房。

（5）现场钢筋棚、茶水室、安全防护设施等应定型化、工具化、标准化。

（6）力争工地临时用房、临时围挡材料的可重复使用率达到70％。

第二节　节水与水资源利用

我国的水资源存在两个问题：其一是水资源缺乏，我国是全球人均水资源最贫乏国家之一。20世纪末，在全国600多个城市中有400多个城市存在供水不足的问题；其二是水污染严重，多数城市的地下水资源受到一定程度的污染，而且日趋严重。

一、提高用水效率

（一）施工过程中采用先进的节水施工工艺

如现场水平结构混凝土采取覆盖薄膜的养护措施，竖向结构采取刷养护液养护，杜绝了无措施浇水养护；对已安装完毕的管道进行打压调试，采取从高到低、分段打压，利用管道内已有水循环调试等。

（二）施工现场供、排水系统合理适用

（1）施工现场给水管网的布置本着"管路就近、供水畅通、安全可靠"的原则。在管路上设置多个供水点，并尽量使这些供水点构成环路，同时应考虑不同施工阶段管网具有移动的可能性。

（2）应制定相关措施和监督机制，确保管网和用水器具不渗漏。

（三）制定用水定额

（1）根据工程特点，开工前制定用水定额，定额应按生产用水、生活办公用水分开制定，并分别建立计量管理机制。

（2）大型工程应该分不同单项工程、不同标段、不同施工阶段、不同分包生活区制定用水定额，并采取不同的计量管理机制。

（3）签订标段分包或劳务合同时，应将用水定额指标纳入相关合同条款，并在施工过程中计量考核。

（4）专项重点用水考核。对混凝土养护、砂浆搅拌等用水集中区域和工艺点单独安装水表，进行计量考核，并有相关制度配合执行。

（四）使用节水器具

施工现场办公室、生活区的生活用水 100%采用节水器具，并派专人定期维护。

（五）施工现场建立雨水、废水收集利用系统

施工场地较大的项目，可建立雨水收集系统，回收的雨水用于绿化灌溉、机

具车辆清洗等；也可修建透水混凝土地面，直接将雨水渗透到地下滞水层，补充地下水资源。

（1）现场机具、设备、车辆冲洗用水应建立循环用水装置。

（2）现场混凝土养护、冲洗搅拌机等施工过程水应建立回收系统，回收水可用于现场洒水降尘等。

二、非传统水源利用

非传统水源不同于传统地表水供水和地下水供水的水源，包括再生水、雨水、海水等。

（一）基坑降水利用

基坑优先采取封闭降水措施，尽可能少的抽取地下水。不得已需要基坑降水时，应该建立基坑降水储存装置，将基坑水储存并加以利用。基坑水可用于绿化浇灌、道路清洁洒水、机具设备清洗等，也可用于混凝土养护用水和部分生活用水。

（二）雨水收集利用

施工面积较大，地区年降雨量充沛的施工现场，可以考虑雨水回收利用。收集的雨水可用于洗衣、洗车、冲洗厕所、绿化浇灌、道路冲洗等，也可采取透水地面等直接将雨水渗透至地下，补充地下水。

雨水收集可以与废水回收结合进行，共用一套回收系统。雨水收集应注意蒸发量，收集系统尽量建于室内或地下，建于室外时，应加以覆盖减少蒸发。

（三）施工过程水回收

（1）现场机具、设备、车辆冲洗用水应建立循环用水装置。

（2）现场混凝土养护、冲洗搅拌机等施工过程水应建立回收系统，回收水可用于现场洒水降尘等。

三、安全用水

（1）基坑降水再利用、雨水收集、施工过程水回收等非传统水源再利用时，应注意用水工艺对水质的要求，必要时进行有效的水质检测，确保满足使用要求。一般回收水不用于生活饮用水。

（2）利用雨水补充地下水资源时，应注意渗透地面地表的卫生状况，避免雨水渗透污染地下水资源。

（3）不能二次利用的现场污水，应经过必要处理，经检验满足排放标准后方可排入市政管网。

第三节　节能与能源利用

施工节能是指建筑工程施工企业采取技术上可行、经济上合理、有利于环境、社会可接受的措施，提高施工所耗费能源的利用率。施工节能主要是从施工组织设计、施工机械设备及机具、施工临时设施等方面，在保证安全的前提下，最大限度地降低施工过程中的能量损耗，提高能源利用率。

一、节能措施

（一）制定合理的施工能耗指标，提高施工能源利用率

施工能耗非常复杂，目前尚无一套比较权威的能耗指标体系供大家参考。因此，制定合理的施工能耗指标必须依靠施工企业自身的管理经验，结合工程实际情况，按照科学、务实、前瞻、动态、可操作的原则进行，并在实施过程中全面细致的收集相关数据，及时调整相关指标，最终形成比较准确的单个工程能耗指标供类似工程参考。

（1）根据工程特点，开工前制定能耗定额，定额应按生产能耗、生活办公能耗分开制定，并分别建立计量管理机制。一般能耗为电能，油耗较大的土木工程、市政工程等还包括油耗。

（2）大型工程应该分不同单项工程、不同标段、不同施工阶段、不同分包生活区制定能耗定额，并采取不同的计量管理机制。

（3）进行进场教育和技术交底时，应将能耗定额指标一并交底，并在施工过程中计量考核。

（4）专项重点能耗考核。对大型施工机械，如塔式起重机、施工电梯等，单独安装电表，进行计量考核，并有相关制度配合执行。

（二）优先使用节能、高效、环保的施工设备和机具

国家、行业和地方会定期发布推荐、限制和禁止使用的设备、机具、产品名录，绿色施工禁止使用国家、行业、地方政府明令淘汰的施工设备、机具和产品，推荐使用节能、高效、环保的施工设备和机具。

（三）施工现场分区

分别设定生产、生活、办公和施工设备的用电控制指标，定期进行计量、核算、对比分析，并有预防和纠正措施。按生产、生活、办公三区分别安装电表进行用电统计，同时，大型耗电设备做到一机一表单独用电计量。定期对电表进行读数，并及时将数据进行横向、纵向对比，分析结果，发现与目标值偏差较大或单块电表发生数据突变时，应进行专题分析，采取必要措施。

（四）施工组织设计合理规划

在施工组织设计中，应根据工程实际情况合理安排各项目的施工顺序，规划工作面，合理规划使用的机具数量，相邻作业区之间相同机具资源可进行共享。在制订绿色施工专项施工方案时，应充分考虑施工机具的优化设计，优化设计主要应包括以下几个方面。

（1）安排施工工艺时，优先考虑能耗较少的施工工艺。例如在进行钢筋连接施工时，尽量采用机械连接，减少采用焊接连接。

（2）设备选型应在充分了解使用功率的前提下进行，避免设备额定功率远大于使用功率或超负荷使用设备的现象。

（3）合理安排施工顺序和工作面，科学安排施工机具的使用频次、进场时间、安装位置、使用时间等，减少施工现场机械的使用数量和占用时间。

（4）相邻作业区应充分利用共有的机具资源。

（五）充分利用可再生资源

根据当地气候和自然资源条件，充分利用太阳能、地热等可再生能源；太阳能、地热等作为可再生的清洁能源，在节能措施中应该利用一切条件加以利用。在施工工序和时间的安排上，应尽量避免夜间施工，充分利用太阳光照。另外在办公室、宿舍的朝向、开窗位置和面积等的设计上也应充分考虑自然光照射，节

约电能。太阳能热水器作为可多次使用的节能设备，有条件的项目也可以配备，作为生活热水的部分来源。

二、机械设备与机具

（一）建立施工机械设备管理制度

（1）进入施工现场的机械设备都应建立档案，详细记录机械设备名称、型号、进场时间、年检要求、进场检查情况等。

（2）大型机械设备定人、定机、定岗，实行机长负责制。

（3）机械设备操作人员应持有相应上岗证，并进行了绿色施工专项培训，有较强的责任心和绿色施工意识，在日常操作中，有意识节能。

（4）建立机械设备维护保养管理制度，建立机械设备年检台账、保养记录台账等，做到机械设备日常维护管理与定期维护管理双到位，确保设备低耗、高效运行。

（5）大型设备单独进行用电、用油计量，并做好数据收集，及时进行分析比对，发现异常应及时采取纠正措施。

（二）机械设备的选择和使用

（1）确定施工机械设备的功率和负载，并满足施工需要，避免大功率施工机械设备长时间低负载运行，加速机械设备损耗，增加设备维护成本。

（2）安装机电应优先考虑使用节电型机械设备，如逆变式电焊机，一些低能耗手持电动工具等，降低能源消耗。

（3）优先考虑使用节能型油料添加剂，在条件允许的情况下，还可考虑添加剂的回收再利用。

（三）合理安排工序

工程应结合当地情况、公司技术装备能力、设备配置情况等确定科学的施工工序。工序的确定以满足基本生产要求，提高各种机械的使用率和满载率，降低各种设备的单位能耗为目的。施工中，可编制机械设备专项施工组织设计。编制过程中，应结合科学的施工工序，用科学的方法进行设备优化，确定各设备功率和进出场时间，并在实施过程中严格执行。

三、生产、生活及办公临时设施

（1）利用场地自然条件，合理设计生产、生活及办公临时设施的体形、朝向、间距和窗墙面积比，使其获得良好的日照、通风和采光。可根据需要在其外墙窗设遮阳设施。

建筑物的体形用体形系数来表示，是指建筑物解除室外大气的外表面积与其所包围的体积的比值。体积小、体形复杂的建筑，体形系数较大，对节能不利；因此应选择体积大、体形简单的建筑，体形系数较小，对节能较为有利。

我国地处北半球，太阳光一般都偏南，因此建筑物南北朝向比东西朝向节能。

窗墙面积比为窗户洞口面积与房间立面单元面积(即房间层高与开间定位线围成的面积)的比值。加大窗墙面积比，对节能不利，因此外窗面积不应过大。

（2）临时设施宜采用节能材料，墙体、屋面使用隔热性能好的材料，减少夏季空调设备的使用时间及能耗。

临时设施用房宜使用热工性能达标的复合墙体和屋面板，顶棚宜进行吊顶。

（3）合理配置采暖、空调、风扇数量，并有相关制度确保合理使用，节约用电应有相关制度保证合理使用，如规定空调使用温度限制、分段分时使用以及按户计量、定额使用等。

四、施工用电及照明

（1）临时用电优先选用节能电线和节能灯具。采用声控、光控等节能照明灯具。

电线节能要求合理选用电线、电缆的截面。绿色施工要求办公、生活和施工现场，采用节能照明灯具的数量宜大于80%，并且照明灯具的控制可采用声控、光控等节能控制措施。

（2）临时用电线路合理设计、布置，临时用电设备宜采用自动控制装置。

在工程开工前，对建筑施工现场进行系统的，有针对性的分析，针对施工各用电位置，进行临时用电线路设计，在保证工程用电就近的前提下，避免重复铺设和不必要的浪费铺设，减少用电设备与电源间的路程，降低电能传输过程的损耗。

制定齐全的管理制度，对临时用电各条线路制定管理、维护、用电控制等措施，并落实到位。

(3)照明设计应符合国家现行标准《施工现场临时用电安全技术规范》JGJ 46 的规定。

照明设计以满足最低照度为原则，照度不应超过最低照度的20％。

(4)根据施工总进度计划，在施工进度允许的前提下，尽可能少地进行夜间施工。夜间施工完成后，关闭现场施工区域内大部分照明，仅留必要的和小功率的照明设施。

(5)生活照明用电采用节能灯，生活区夜间规定时间内关灯并切断供电。办公室白天尽可能使用自然光源照明，办公室所有管理人员养成随手关灯的习惯，下班时关闭办公室内所有用电的设备。

第四节 节地与施工用地保护

临时用地是指在工程建设施工和地质勘查中，建设用地单位或个人在短期内需要临时使用，不宜办理征地和农用地转用手续的，或者在施工、勘察完毕后不再需要使用的国有或者农民集体所有的土地(不包括因临时使用建筑或者其他设施而使用的土地)。

临时用地就是临时使用而非长久使用的土地，在法规表述上可称为"临时使用的土地"，与一般建设用地不同的是，临时用地不改变土地用途和土地权属，只涉及经济补偿和地貌恢复等问题。

一、临时用地指标

(1)临时设施要求平面布置合理、组织科学、占地面积小，在满足环境、职业健康与安全及文明施工要求的前提下尽可能减少废弃地和死角，临时设施占地面积有效利用率大于90％。

(2)根据施工规模及现场条件等因素合理确定临时设施，如临时加工厂、现场作业棚及材料堆场、办公生活设施等的占地指标。临时设施的占地面积应按用地指标所需的最低面积设计。

(3)建设工程施工现场用地范围，以规划行政主管部门批准的建设工程用地和临时用地范围为准，必须在批准的范围内组织施工。如因工程需要，临时用地超出审批范围，必须提前到相关部门办理批准手续后方可占用。

（4）场内交通道路布置应满足各种车辆机具设备进出场、消防安全疏散要求，方便场内运输。场内交通道路双车道宽度不宜大于 6 m，单车道不宜大于 3.5 m，转弯半径不宜大于 15 m，且尽量形成环形通道。

二、临时用地保护

（一）合理减少临时用地

（1）在环境和技术条件可能的情况下，积极应用新技术、新工艺、新材料，避开传统的、落后的施工方法，例如在地下工程施工中尽量采用顶管、盾构、非开挖水平定向钻孔等先进施工方法，避免传统的大开挖，减少施工对环境的影响。

（2）深基坑施工应考虑设置挡墙、护坡、护脚等防护设施，以缩短边坡长度。在技术经济比较的基础上，对深基坑的边坡坡度、排水沟形式与尺寸、基坑填料、取弃土设计等方案进行比，避免高填深挖，尽量减少土方开挖和回填量，最大限度地减少对土地的扰动，保护周边自然生态环境。

（3）合理确定施工场地取土和弃土场地地点，尽量利用山地、荒地作为取、弃土场用地；有条件的地方，尽量采用符合技术标准的工业废料、建筑废渣填筑，减少取土用地。

（4）尽量使用工厂化加工的材料和构件，减少现场加工占地量。

（二）红线外临时占地应环保

红线外临时占地应尽可能避开耕地，优先考虑荒地和废地，避免造成环境污染和经济损失。在工程结束后，应尽快恢复红线外占地的地貌、地形，将工程施工对环境的影响程度降到最低。

（三）利用和保护施工用地范围内原有绿色植被

对于施工用地范围内即周边的绿色植被，尽量采取原地保护措施。如果工程需要不得不进行移栽时，必须请有资质的单位实施，在完成施工后，再移栽回原处。如果是施工周期较长的项目工程，可以根据建筑永久绿化的要求规划出新建绿化场地。

三、施工总平面布置

(1)不同施工阶段的施工重点各不相同,因此,施工总平面布置图应为动态布置图,需根据工程进展情况及时调整。

(2)施工总平面布置应遵循科学规划、合理利用的原则,施工现场即周边的原有建筑物、构筑物及设施,如果能够使用,则应根据规定充分利用;如果不能使用,则应采取有效措施进行保护。

(3)施工现场的一些固定场地,如材料堆场、仓库、加工厂、搅拌站、作业棚等,应尽可能布置在交通便利的地方,如现有交通道路、临时交通道路、正在修建的交通道理周围,缩短运输距离,降低运输过程中的材料损耗和能源消耗,以及运输途中的污染等。

(4)临时办公区和生活区的建筑,应遵循沾地面积小、经济实用、可拆除重复利用、对周围环境影响小的原则,并且应有效考虑使用钢骨架多层水泥活动板房、多层轻钢活动板房等装配式结构的建筑,组装方便快捷,并且可重复使用。

(5)施工现场的生产区和生活区应分开布置,生活区附近不可堆放有毒、害物质,在生产区和生活区之间应设置分隔设施,避免施工对生产区造成污染。

(6)施工现场的围墙应优先考虑采用连续封闭的轻钢结构预制装配式活动围挡,不仅安装方便、快捷,重复利用,减少建筑垃圾,降低对地表的破坏。

(7)施工现场临时道路应与永久道路相结合,充分利用永久道路和原有道路,能在施工现场内形成环形通路,降低道路占土,减少运输路线。

(8)临时设施布置注意远近结合(本期工程与下期工程),尽可能降低和避免大量临时建筑拆迁和场地搬迁。

(9)现场内裸露土方应有防水土流失措施。

第五章

绿色施工管理

绿色施工是指在保证施工质量、施工安全等基本要求的前提下，通过加强管理、使用新技术等方式最大限度地降低资源消耗和施工对周围环境造成的不良影响，贯彻落实"四节一环保"的建筑工程施工活动。尽可能提高资源的利用率是绿色施工的核心要求，优先考虑降低对环境的破坏为基本原则，以能源消耗低、资源的高效利用、降低环境影响为目标，通过统筹管理、统一规划、定期考评等方式，实现经济、社会、环境综合效益最大化的施工模式。在工程项目的施工过程中，优先考虑绿色施工方法、采取节约资源措施、预防和治理施工污染、实施建筑废料回收和再利用。

要贯彻落实绿色施工，关键在于科学的绿色施工管理制度，并能将制度落到实处。绿色施工管理主要包括组织管理、规划管理、目标管理、实施管理、评价管理等五个方面。在传统施工管理的基础上，确定绿色施工的具体目标，加强文明施工制度建设和施工现场安全管理，优先考虑先进的施工技术，同时促进技术进步，建立以绿色施工思想为主的施工管理体系和管理办法。

第一节　绿色施工组织管理

绿色施工管理体系的建立首先应设计绿色施工管理的组织架构，制订系统、完整的管理制度，明确绿色施工的整体目标和具体目标。在绿色施工管理体系中应明确分配各部门责任，指派管理者和监督者。绿色施工管理体系必须具备公司和项目两个层级。

一、绿色施工管理体系

（一）公司层级的绿色施工管理体系

施工企业方应建立以总经理为第一责任人的管理层级，下辖绿色施工牵头人，通常由项目总工程师或企业副总经理担任，负责协调人力资源管理部门、成本核算管理部门、工程科技管理部门、材料设备管理部门、市场经营管理部门等五个管理部门的工作。公司层级绿色施工管理体系如图5-1所示。

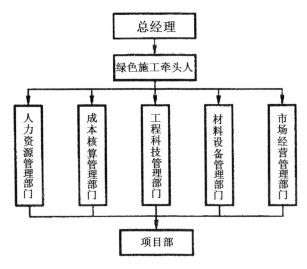

图 5-1 公司绿色施工管理体系

1. **人力资源管理部门**

人力资源管理部门负责施工人员的岗位设置和岗位培训，监督项目部绿色施工相关培训计划和落实情况。除此之外，人力资源管理部门还应了解国内和本地区绿色施工相关新政策和新制度，并进行全公司范围内的解读和宣讲等。

2. **成本核算管理部门**

成本核算管理部门负责分析绿色施工的直接经济效益。

3. **工程科技管理部门**

工程科技管理部门负责全公司资源的统筹协调，包括人力资源调配，建材、机械设备和能源、资源的协调，以及建筑废弃物的处理等。在施工现场监督绿色施工措施的实施情况，及时、准确地收集相关数据，并做好横向对比并将结果反馈至项目部。负责组织并实施公司层级的绿色施工专项检查，配合人力资源管理部门政策、新规宣讲工作，并将政策、新规落实到项目部执行。

4. **材料设备管理部门**

负责建立材料设备数据库，做好数据更新。制订项目材料限额标准、领料制度，并监督具体执行情况。监督项目部对施工机械设备的管理情况，如设备保养、维修、年检情况等。

5. **市场经营管理部门**

市场经营管理部门负责对项目分包合同进行评审，并将绿色施工相关条款写入合同中。

（二）项目层级的绿色施工管理体系

项目层级的绿色施工管理体系不要求必须采用全新的组织架构，可以在传统的施工管理体系组织架构的基础上加入绿色施工目标，分配绿色施工责任和管理目标即可。

项目层级的绿色施工管理体系必须在项目部成立绿色施工管理机构，负责从总体上把握和协调项目建设中所有关于绿色施工事宜。管理机构的成员通常由项目部相关管理者组成，也可加入建设项目的其他参与方，如建设方、监理方、设计方的人员。绿色施工管理机构下设绿色施工专职管理员，负责协调各部门工作。各部门设施工联系人，负责本部门所涉及的与绿色施工相关的职能。项目层级的绿色施工管理体系如图 5-2 所示。

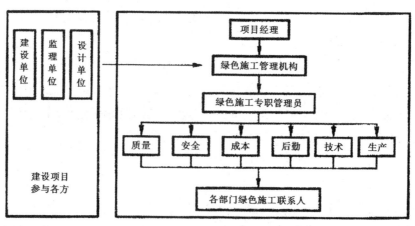

图 5-2　项目绿色工程管理体系

二、绿色施工责任分配

（一）公司层级绿色施工责任分配

（1）总经理是公司层级绿色施工管理体系的最高管理者和第一责任人。

（2）绿色施工牵头人由总工程师或副总经理担任，负责绿色施工专项管理工作。

（3）各部门围绕工程科技管理部门开展工作，负责与自己工作相关的绿色施工管理工作，并应配合协助其他部室的工作。

（二）项目层级绿色施工责任分配

（1）项目经理为项目层级绿色施工的最高管理者和第一责任人。

（2）项目技术负责人、分管副经理、财务总监以及建设项目参与各方代表等共同组成绿色施工管理机构。

（3）绿色施工管理机构应在开工前制订详细的绿色施工规划，确定拟采用的绿色施工措施，进行管理任务分配。

（4）所有任务都应有管理部门或个人管理任务分工，包括决策、执行、参与和检查。

（5）在绿色施工管理任务分工表制定完成后，各执行部门应确定绿色施工专职管理员。

（6）在施工过程中，绿色施工专职管理员应负责各项绿色施工措施的实施情况，并进行协调和监控。

第二节　绿色施工规划管理

一、绿色施工图纸会审

开工前，应对绿色施工图纸进行会审，或者在设计图纸会审中加入绿色施工的要求。图纸会审过程中，应从绿色施工目标的角度出发，结合工程的实际情况，在保证项目质量安全、施工进度等基本要求的基础上，对设计进行优化、完善，保留会审记录。我国绿色施工技术还有很大的发展空间，图纸会审必须有公司一级管理技术人员参与，在充分了解工程基本情况的基础上，根据建设地点、周围环境、现实条件等因素提出合理性意见，如需变更设计应在会审后进行申请，经各方同意会签后方可由项目部具体实施。

二、绿色施工总体规划

（一）公司规划

公司应对绿色施工进行总体的统筹规划，规划内容至少包括下述五个方面。

(1)绿色建材和机械设备方面，材料设备管理部门筛选工程地区 500 km 范围内的绿色建材供应商及其材料数据供项目选择，并结合工程的具体情况为机械设备选型提出合理性建议。

(2)工程科技管理部门收集并整理工程周边在建项目信息，预计算临时设施、临时道路等建设所需周转材料、前期拆除工序、建筑垃圾处理办法等。

(3)结合工程的具体情况和类似工程经验，合理设置工程绿色施工目标和具体要求。

(4)组织、调配绿色施工相关人员，提出基本培训要求。

(5)从绿色施工的目标和原则出发，在全司范围内统一协调物质资源、人力资源、机械设备等，实现人员配置合理、资源消耗最少、设备高度协同作业的目标。

(二)项目规划

在编制绿色施工专项方案前，项目部应做好充分调查，根据调查结果进行绿色施工的总体规划。

1. 工程建设场地内原有建筑情况

(1)若原有建筑需要拆除，应考虑是否可对拆除材料进行回收再利用。

(2)若原有建筑需要保留，且施工过程中可以使用，应结合工程的实际情况合理利用。

(3)若原有建筑需要保留，且施工时不可使用，并需进行保护，则应制订专门的保护措施。

2. 工程建设场地内原有树木情况

(1)若场地内原有树木可移栽到指定地点，应联络有资质的队伍进行移栽。

(2)若场地内原有树木不可移栽且需就地保护，则应制订专门的保护措施。

(3)若场地内原有树木只能暂时移栽，竣工后需回栽，应联络有资质的队伍合理移栽。

3. 工程建设场地周边地下管线及设施的分布情况

结合工程实际情况。考虑施工过程中能否借用场地周边地下管线和设施，制订专门的保护措施。

4. 竣工后规划道路的分布和设计情况

施工道路应尽可能与规划道路重合，并按规划道路路基设计进行施工，避免重复施工。

5. 竣工后地下管网的分布和设计情况

竣工后，特别是排水管网，建议一次性施工到位，施工中提前使用，避免重复施工。

6. 本工程是否同为创绿色建筑工程

一些绿色建筑设施需要在施工前建造，如雨水回收系统，如此在施工时就可使用，避免重复施工。

7. 距施工现场 500 km 范围内主要材料分布情况

尽管公司的工程科技管理部门会提供施工现场 500 km 范围内材料供应资料和建议，但项目部仍需要结合工程实际情况和预算组织材料清单，对主要材料的生产厂家进行摸底调查。如果距离较远，还应考虑材料在运输过程中的损耗和能耗。在不对工程质量、安全、进度等产生不良影响的前提下可以提出变更设计的建议。

8. 相邻建筑的施工情况

要确定施工现场周边是否有正在施工或即将施工的项目，如果有，则可考虑是否建立合作关系，如临时设施周转材料衔接、临时或永久设施共享、建筑垃圾对方与处理、土方临时堆场、机械设备协同作业等。

9. 施工主要机械来源情况

项目部应结合公司提供的机械设备选型建议，根据工程实际情况，如周边环境、施工规划等选择主要施工机械的来源，尽可能降低机械运输的能耗。

10. 其他

（1）整理设计中能够提前施工到位的构配件，可提前建设，避免重复施工。例如，地下室消防水池可提前建设，在施工时作为回收水池使用；再如，消防主管也可作为施工消防主管，可提前施工并做好保护。

（2）土方临时堆场和卸土场地等，由于运土会对运输路线造成污染，运输消耗较大，因此土方临时堆场和卸土场地距离越近越好。

（3）回填土在运输时会对运输路线造成污染，运输消耗较大，因此，在满足设计要求基础上距离越近越好。

（4）建筑垃圾和生活垃圾应做好分类回收和妥善堆放，并联系专门清理部门进行处理。

（5）根据工程的实际情况，考虑是否可以采用工厂化加工的构件或部品，若可以工厂化加工，则应对加工厂家进行摸底调查，考察厂家条件。

三、绿色施工专项方案

项目部在经过充分调查后制订绿色施工总体规划，再结合规划内容制订绿色施工专项施工方案。

（一）绿色施工专项方案主要内容

绿色施工专项方案以绿色施工总体规划和工程施工组织设计为基础，对绿色施工做具体、详细的安排，其主要内容应包括以下几个部分：①绿色施工组织机构和各机构的任务分工；②绿色施工的具体目标；③绿色施工针实施"四节一环保"的具体措施，可参考《建筑工程绿色施工评价标准》和《绿色施工导则》的内容；④绿色施工拟采用的"四新"技术措施，可参考《建筑业十项新技术》的内容，以及地区推广的技术等，若技术还没有被列入推广计划，应经过专家论证是否适用；⑤绿色施工的评价管理方法和标准；⑥确定工程使用的主要机械和设备，机械和设备的信息应详备，如编号、生产厂家、生产年份、功率等，方便判断是否为国家或地方限制或禁止使用；⑦绿色施工设施购置清单，应详细记录为绿色施工专门购置的设施；如果是对原有设施进行升级，只需计算增值部分的费用；若是设施可被多个工程使用，应计算分摊费用；⑧各项目具体人员的组织与安排，应细化到部门、专业、具体项目负责人；⑨绿色施工的社会经济环境效益分析；⑩制作施工现场平面布置图，施工现场平面布置应充分考虑动态布置，达到节约土地资源的目的。如需多次布置，则应分别制作平面布置图。布置图上应将循环水池、噪声监测点、垃圾分类回收堆放点等绿色施工专属设施标志清楚。

（二）绿色施工专项方案审批要求

绿色施工专项方案应经过公司和项目两级审批。绿色施工专项方案通常由绿色施工专职施工员编制，经过项目技术负责人审核之后再上报公司总工程师审批。只有审批手续完整的绿色施工专项方案才能在施工中使用。

第三节 绿色施工目标管理

绿色施工目标管理属于绿色施工实施管理的一部分，因其对绿色施工及施工管理的重要性，特单独成节做详细介绍。

一、绿色施工目标的确定

绿色施工的目标应结合《绿色施工导则》《建筑工程绿色施工评价标准》《建筑工程绿色施工规范》等规范的要求，充分考虑工程的实际情况、现场周边的环境情况和以往施工经验，最终确定绿色施工目标。

具体的目标及标准应从粗到细划分出不同的层次，可先确定总目标，再划分出若干个分目标；也可以先确定一级目标，再拆分成若干个二级目。应建立一个科学合理的绿色施工目标体系，可采用多种形式进行分级，对绿色施工目标进行细化管理。

确定绿色施工目标体系应遵循以下几个原则：①因地制宜的原则，必须详细了解工程周边情况以及所在地区的具体要求；②结合实际的原则，应充分考虑施工方的施工水平和施工经验确定目标标准；③容易操作的原则，绿色施工的目标及其标准必须明确、清晰，容易理解，一目了然，既方便施工方实施，也便于数据的收集、整理和对比；④科学合理的原则，绿色施工目标应在确保工程质量和安全的前提下，结合"四节一环保"的要求进行设置。

在施工过程中对绿色施工目标采用动态控制，即在施工时对项目绿色施工目标进行实时跟踪与控制，及时手机各控制要点的实测数据，并与目标进行比较，一旦发现施工情况偏离计划，应及时分析问题原因，采取恰当的纠正措施；如果采取纠正措施后仍偏离计划，则应请专家进行论证、分析，找出纠正办法，或考虑重新设定目标。

二、绿色施工目标管理的内容

绿色施工的目标管理分节材、节水、节地、节能、环境保护、项目效益六个部分，每个具体的施工项目都应包括这六个部分，并将这一目标贯穿到施工策划、施工准备、材料采购、现场施工、工程验收等所有阶段之中。具体项目在不同阶段的绿色施工指标可参考《绿色施工导则》《建筑工程绿色施工评价标准》《建筑工程绿色施工规范》等的内容，结合项目实际情况确定具体标准，也可参考表5-1～表5-6结合工程实际情况有选择性地进行设置，参考目标数据是根据国家相关规范条款和笔者实际经验提出的，仅供参考。

表 5-1　环境保护目标管理

主要指标	需设置的目标值		参考的目标数据
建筑垃圾产量	产量小于_____t		每万平方米建筑垃圾不超过400t
建筑垃圾回收	建筑垃圾_____%		可回收施工废弃物的回收率不小于50%
建筑垃圾再利用率	建筑垃圾再利用率达到_____%		再利用率和再回收率达到30%
碎石类、土石方类建筑垃圾再利用率	碎石类、土石方类建筑垃圾再利用率达到_____%		碎石类、土石方类建筑垃圾再利用率大于50%
有毒有害废物分类率	有毒有害废物分类率_____%		有毒有害废物分类率100%
噪声控制	昼间<70db，夜间小于55db		根据《建筑施工厂界环境噪声排放标准》GB12523，昼间<70db，夜间小于55db
水污染控制	pH值达到_____		pH值应在6~9之间
扬尘高度控制	结构施工扬尘高度<_____m，基础施工养成高度小于10m，安装装饰装修阶段扬尘高度<_____m。场界四周隔挡高度位置测得的大气总悬浮颗粒物（TSP）月平均浓度与城市背景值的差值_____		结构施工扬尘高度<0.5m，基础施工养成高度小于1.5m，安装装饰装修阶段扬尘高度0.5m。场界四周隔挡高度位置测得的大气总悬浮颗粒物（TSP）月平均浓度与城市背景值的差值<0.08mg/m³
光污染控制	达到环保部门规定		达到环保部门规定，周围居民零投诉
主要指标	预算损耗值	目标损耗值	参考的目标数据
钢材	_____t	_____t	材料损耗率比定额损耗率降低30%
商品混凝土	_____m³	_____m³	材料损耗率比定额损耗率降低30%
木材	_____m³	_____m³	材料损耗率比定额损耗率降低30%

主要指标	需设置的目标值		参考的目标数据
模板	平均周转次数为_____次	平均周转次数为_____次	
围挡等周转设备（料）	—	重复使用率_____%	重复使用率＞70%
工具式定型模板	—	使用面积_____m³	使用面积不小于模板工程总面积50%
其他主要建筑材料	—		材料损耗率比定额损耗率降低30%
就地取材500km以内	—	占总量的_____%	占总量的70%以上
建筑材料包装物回收率	—	建筑材料包装物回收率达到_____%	建筑材料包装物回收率达到100%
预拌砂浆	—	_____m³	超过砂浆总量的50%
钢筋工厂化加工	—	_____t	80%以上的钢筋采用工厂化加工

表 5-2　节材与材料资源利用目标管理表

主要指标	预算损耗值	目标损耗值	参考的目标数据
钢材	_____t	_____t	材料损耗率比定额损耗率降低30%
商品混凝土	_____m³	_____m³	材料损耗率比定额损耗率降低30%
木材	_____m³	_____m³	材料损耗率比定额损耗率降低30%
模板	平均周转次数为_____次	平均周转次数为_____次	
围挡等周转设备（料）	—	重复使用率_____%	重复使用率＞70%

续表

主要指标	预算损耗值	目标损耗值	参考的目标数据
工具式 定型模板	—	使用面积_____ m³	使用面积不小于模板 工程总面积50%
其他主要 建筑材料		—	材料损耗率比定额损 耗率降低30%
就地取材500km以内	—	占总量的_____%	占总量的70%以上
建筑材料 包装物回收率	—	建筑材料包装物回收 率达到_____%	建筑材料包装物回收 率达到100%
预拌砂浆	—	_____ m³	超过砂浆总量的50%
钢筋工厂化加工	—	_____ t	80%以上的钢筋采用 工厂化加工

表 5-3　节水与水资源利用目标管理表

主要指标	施工阶段	目标耗水量	参考的目标数据
办公、生活区	桩基、基础施工阶段	_____ m³	
	主体结构施工阶段	_____ m³	
	二次结构和装饰施工阶段	_____ m³	
生产作业区	桩基、基础施工阶段	_____ m³	
	主体结构施工阶段	_____ m³	
	二次结构和装饰施工阶段	_____ m³	
整个施工区	桩基、基础施工阶段	_____ m³	
	主体结构施工阶段	_____ m³	
	二次结构和装饰施工阶段	_____ m³	
节水设备(设施) 配置率	—	_____%	节水设备(设施)配置率 达到100%
非政府自来水利用量 占总用水量	—	_____%	非政府自来水利用量占 总用水量≥30%

表 5-4　节能与能源资源利用目标管理表

主要指标	施工阶段	目标耗电量	参考的目标数据
办公、生活区	桩基、基础施工阶段	＿＿＿＿KW·h	
	主体结构施工阶段	＿＿＿＿KW·h	
	二次结构和装饰施工阶段	＿＿＿＿KW·h	
生产作业区	桩基、基础施工阶段	＿＿＿＿KW·h	
	主体结构施工阶段	＿＿＿＿KW·h	
	二次结构和装饰施工阶段	＿＿＿＿KW·h	
整个施工区	桩基、基础施工阶段	＿＿＿＿KW·h	
	主体结构施工阶段	＿＿＿＿KW·h	
	二次结构和装饰施工阶段	＿＿＿＿KW·h	
节电设备（设施）配置率			节能照明灯具的数量应＞80%
非政府自来水利用量占总用水量		＿＿＿＿KW·h	暂不做量的要求，鼓励合理使用

表 5-5　节地与土地资源利用目标管理表

主要指标	目标值	参考的目标数据
办公、生活区面积	＿＿＿＿m²	
生产作业区面积	＿＿＿＿m²	
办公、生活区面积与生产作业区面积面积比率	＿＿＿＿%	
施工绿化面积与沾地面积	＿＿＿＿%	暂无参考数据，鼓励尽可能地多利用，不做量的要求
临时设施沾地面积有效利用率	＿＿＿＿%	临时设施沾地面积有效利用率达到90%
原有建筑物、构筑物、道路和管线的利用情况		暂无参考数据，鼓励尽可能地多利用，不做量的要求
永久设施利用情况		鼓励结合永久道路，规划地下管网布局施工临时设施

续表

主要指标	目标值	参考的目标数据
场地道路布置情况	双车道宽度≤_____ m 单车道宽度≤_____ m 转弯半径≤_____ m	双车道宽度≤6 m 单车道宽度≤3.5 m 转弯半径≤15m

表 5-6 绿色施工的经济效益和社会效益目标管理

主要指标	目标值	
实施绿色施工的增加成本	_____元	一次性损耗成本_____元
实施绿色施工的节约成本	_____元	环境保护措施节约成本_____元 节材措施节约成本为_____元 节水措施节约成本为_____元 节能措施节约成本为_____元 节地措施节约成本为_____元
前两项之差	增加（节约）_____元，占总产值比重为_____%	
绿色施工社会效益		

注：前两项之差是指"实施绿色施工的增加成本"与"实施绿色施工的节约成本"的差。

我国绿色施工管理仍处于发展阶段，因此表 5-1～表 5-6 中的主要指标、目标值以及参考的目标数据具备阶段性，在出现新技术、新材料、新施工手段后可能其参考价值会大幅下降，因此，在实际施工过程中应及时根据技术、场地、材料等实际情况进行调整。

第四节　绿色施工实施管理

在确定绿色施工目标和专项方案后，就可在具体项目阶段实施绿色施工管理。绿色施工管理是一个动态的过程，是从施工策划、施工准备、现场施工、工程验收全阶段的动态管理与监督。

绿色施工的实施管理实际上是对绿色施工专项方案的具体实施过程进行控制，确保绿色施工目标的实现。换句话说，绿色施工的实施管理就是为实现绿色施工目标实现对绿色施工专项方案实施过程进行管理的一系列活动，在其实施过程中，主要注意以下五点。

一、建立完善的制度体系

绿色施工专项方案明确了各项目的具体目标和标准，以及在施工过程中需要采取的绿色施工措施和手段，施工人员应按照绿色施工专项方案施工，最终达到绿色施工目标。

二、配备全套的管理表格

绿色施工实施管理应建立一套完善的管理体系，制订科学的管理制度和相应的管理表格，对施工人员的操作和行为进行指导和约束。绿色施工的项目标准大多数都是明确的量化指标，因此在实施管理的过程中应注意数据的收集和整理，通过管理表格明确实施管理的步骤和数据的记录，做好数据对比，及时发现问题并上报解决。施工管理是一个动态的过程，随着工程进度的变化，一些施工措施会发生改变，为了方便后续绿色施工评价，计算绿色施工效益，必须对每个绿色施工管理行为进行及时、准确的记录。

三、营造绿色施工氛围

绿色施工的理念还没有广泛普及和深入人心，一些人尽管理解了绿色施工的理念，但出于多种原因没有将绿色施工落到实处。要实施绿色施工管理，关键要让绿色施工观念深入人心，让绿色施工贯穿施工的全过程，让绿色施工成为一种自觉行为。因此企业应加强绿色施工的宣传和教育，加强人员对绿色施工的理解和认识；在施工现场应增加绿色施工相关标识、标语，营造绿色施工的氛围。

四、增强职工绿色施工意识

施工企业应加强企业内部建设，提高管理水平，做好内部培训机制，提高企业员工环境意识和专业素养。具体地，应做到以下两点。

第一，建立企业培训制度，定期进行专业技术培训和绿色施工培训，从整体上提高企业人员环保意识和绿色施工意识，提高员工对绿色施工的理解程度和参与程度。

第二，施工过程中应定期对基层施工人员进行绿色施工宣传教育，制订绿色施工要求，鼓励施工人员树立"四节一环保"意识，文明施工，控制污染。

五、借助信息化技术

随着现代信息技术的发展和普及，施工企业的信息化建设越来越好，在绿色施工管理中可以借助信息化技术实施动态管理，根据项目情况建立进度控制、材料消耗、质量控制、成本管理等信息化模块，在企业信息化平台上统一管理，对项目绿色施工实施情况进行监督、控制和评价等工作能起到积极的辅助作用。

第五节　绿色施工评价管理

绿色施工管理体系中应该有自评价体系。根据编制的绿色施工专项方案，结合工程特点，对绿色施工的效果及采用的新技术、新设备、新材料和新工艺进行自评价。自评价分项目自评价和公司自评价两级，分阶段对绿色施工实施效果进行综合评价，根据评价结果对方案、措施以及技术进行改进、优化。

一、绿色施工项目自评价

项目自评价是由项目部组织，对绿色施工各阶段采取的绿色施工措施进行评价，自评价办法可参照《建筑工程绿色施工评价标准》实施。

绿色施工项目自评价通常可分三个阶段实施，分别是地基与基础工程阶段评价、结构工程阶段评价、装饰装修与机电安装工程阶段评价。原则上，每个阶段应进行至少一次自评，每个月应进行至少一次自评。

绿色施工项目自评价可分绿色施工要素评价、绿色施工批次评价、绿色施工阶段评价、绿色施工单位工程评价四个层次实施。

（一）绿色施工要素评价

绿色施工的要素包括节材、节水、节地、节能和环境保护五个部分，绿色施工要素评价就是按这五个部分分别制表进行评价，参考评价表见表5-7。

表 5-7　绿色施工要素评价

工程名称		编号	
		填表日期	
施工单位		施工阶段	
评价指标		施工部位	
控制项	采用的必要措施		评价结论

工程名称		编号	
		填表日期	
施工单位		施工阶段	
评价指标		施工部位	
一般项	采用的可选措施	计分标准	实得分
优选项	采用的加分措施	计分标准	实得分
评价结论			
签字栏	建设单位	监理单位	施工单位

填表说明：①施工阶段填"地基与基础工程""结构工程"或"装饰装修与机电安装工程"；②评价指标填"环境保护""节材与材料资源利用""节水与水资源利用""节能与能源利用""节地与土地资源保护"；③采用的必要措施(控制项)指该评价指标体系内必须达到的要素，如果没有达到，一票否决；④采用的可选措施(一般项)指根据工程特点，选用的该评价指标体系内可以做到的要素，根据完成情况给予打分，完全做到给满分，部分做到适当给分，没有做不得分；⑤采用的加分措施(优选项)指根据工程特点选用的"四新"技术、经论证的创新技术以及较现

阶段绿色施工目标有较大提高的措施，如建筑垃圾回收再利用率大于50％等；计分标准建议按100分制，必要措施(控制项)不计分，只判断合格与否；可选措施(一般项)根据要素难易程度、绿色效益情况等按100分进行分配，这部分分配在开工前应该完成；加分措施(优选项)根据选用情况适当加分。

(二)绿色施工批次评价

将同一时间进行的绿色施工要素评价进行加权统计，得出单次评价的总分，参考评价表见表5-8。

表5-8　绿色施工批次评价汇报表

工程名称		编号	
		填表日期	
评价阶段			
评价要素	评价得分	权重系数	实得分
环境保护		0.3	
节材与材料资源利用		0.2	
节水与水资源利用		0.2	
节能与能源利用		0.2	
节地与土地资源利用		0.1	
合计		1	
评价结论	1. 控制项： 2. 评分提价： 3. 优选项： 结论：		
签字栏	建设单位	监理单位	施工单位

填表说明：①施工阶段与进行统计的"绿色施工要素评价表"(一致)；②评价得分指"绿色施工要素评价表"中"采用的可选措施(一般项)"的总得分，不包括"采用的加分措施(优选项)"得分，该部分在评价结论处单独统计；③权重系数根据"四节一环保"在施工中的重要性，参照《建筑工程绿色施工评价标准》GB/T 50640给定；④评价结论栏，控制项填是否全部满足；评价得分根据上栏实得分汇总得出；优选项将五张"绿色施工要素评价表"优选项累加得出；⑤

绿色施工批次评价得分等于评价得分加优选项得分。

（三）绿色施工阶段评价

将同一施工阶段内进行的绿色施工批次评价进行统计，得出该施工阶段的平均分，参考评价表见表 5-9。

表 5-9　绿色施工阶段评价汇总表

工程名称		编号	
		填表日期	
评价阶段			
评价批次	批次得分	评价批次	批次得分
1		9	
2		10	
3		11	
4		12	
5		13	
6		14	
7		15	
8		……	
小计			

填表说明：①评价阶段分"地基与基础工程""结构工程""装饰装修与机电安装工程"，原则上每阶段至少进行一次施工阶段评价，且每个月至少进行一次施工阶段评价；②阶段评价得分 G＝∑批次评价得分 E/评价批次数。

（四）单位工程绿色施工评价

将所有施工阶段的评价得分进行加权统计，得出本工程绿色施工评价的最后得分，参考评价表见表 5-10。

表 5-10　单位工程绿色施工评价汇总表

工程名称		编号	
		填表日期	
评价阶段	阶段得分	权重系数	实得分
地基与基础		0.3	
结构工程		0.5	
装饰装修与机电安装		0.2	
合计		1	
评价结论			
签字栏	建设单位	监理单位	施工单位

填表说明：根据绿色施工阶段评价得分加权计算，权重系数根据三个阶段绿色施工的，参照《建筑工程绿色施工评价标准》确定。

绿色施工自评价也可由项目承建单位根据自身情况设计表格进行。

二、绿色施工公司自评价

公司负责对项目组的绿色施工管理过程进行评价。由具备较强专业背景的专家组成评估小组，原则上，每个施工阶段都应该进行至少一次的公司评价。

公司评价的表格可以参考表 5-7～表 5-10，或根据项目管理要求自行设计。公司在每次评价后，应及时与项目自评价结果进行对比，如果对比结果差别较大，应重新组织评估小组进行二次评价，找出差距大的原因，制订纠正措施。

绿色施工评价是绿色施工的重要环节，只有及时、准确、真实的绿色施工评价，才能让人们了解绿色施工的真实状况和水平，及时发现施工过程中存在的问题和薄弱环节，尽早采取改进或纠正措施，促进绿色施工技术和施工管理手段更加完善。

第六章

绿色施工评价

第一节　绿色施工评价方法

一、　绿色施工评价的基本规定

绿色施工评价的对象是工程施工的过程。

（一）绿色施工项目应符合以下规定

第一，施工方应建立较为全面的、科学的绿色施工管理体系，明确施工期间各项施工管理制度及管理目标；第二，根据绿色施工标准审核设计图纸，进一步深化施工设计；第三，确定绿色施工的目标，无论是施工方案还是施工组织设计都应制订相应的绿色施工章节，并且应符合绿色施工"四节一环保"的要求；第四，设计人员和技术人员应做好技术交底，并且交底内容中应包括绿色施工的部分；第五，建材选择、建筑施工技术、施工工艺、器械与设备等都应符合绿色施工的要求；第六，施工方应建立健全绿色施工培训机制，培养施工人员绿色施工意识，提高施工人员相关知识与技能；第七，定期对施工项目进行检查，根据检查情况完善施工管理，及时调整施工作业；第八，及时记录施工过程，做好施工过程资料、见证资料、自检评价记录等资料的采集、整理和保存；第九，在对工程项目进行绿色施工评价的时候，应记录能够充分体现绿色施工水平的典型图片和影像资料。

（二）发生下列事故之一，不得评为绿色施工合格项目

第一，发生安全生产死亡责任事故；第二，发生重大质量事故，且直接经济损失超过 5 万元，工期发生相关方难以接受的延误情况；第三，发生群体传染病、食物中毒等责任事故；第四，施工中因"四节一环保"问题被政府管理部门处罚；第五，违反"四节一环保"的有关规定，造成严重社会影响；第六，施工过程对周围居民生活造成严重干扰的，如交通道路损坏、邻近房屋出现不可修复的损坏、严重噪声污染和光污染等，并引起周围居民产生群体性抵触活动。

二、绿色施工评价框架体系

绿色施工评价可分为地基与基础工程、结构工程、装饰装修与机电安装工程

三个阶段。绿色施工评价应具备节水与水资源利用、节材与材料资源利用、环境保护、节地与施工用地保护以及节能与能源利用五个基本要素。并且，这五个基本要素中都必须包含控制项、一般项和选项三类评价指标。通常评价结果分为三个等级，分别是不合格、合格、优良。绿色施工评价框架体系由评价阶段、评价要素、评价指标和评价等级构成，评价体系如图 6-1 所示。

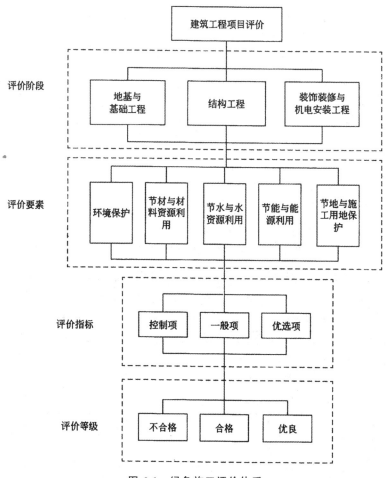

图 6-1 绿色施工评价体系

三、绿色施工评价方法

绿色施工评价应定期进行，每个月不得少于 1 次。每个施工阶段的评价每个月不得少于 1 次。

（一）各评价指标评价方法

对于控制项指标，必须全部满足，按表 6-1 进行评价。

表 6-1　控制项评价方法

评分要求	结论	说明
措施到位，全部满足考评指标要求	合格	进入一般评价流程
措施不到位，不满足考评指标要求	不合格	一票否决，为非绿色施工项目

对于一般项评价，应结合实际项目实际情况和施工情况进行计分，评价方法见表 6-2。

表 6-2　一般项积分标准

评分要求	评分
措施到位	2
措施基本到位，部分满足考评指标要求	1
措施不到位，不满足考评指标要求	0

对于优选项指标，根据完成情况按实际发生项条目加分，评价方法见表 6-3。

表 6-3　优选项加分标准

评分要求	评分
措施到位	1
措施基本到位，部分满足考评指标要求	0.5
措施不到位，不满足考评指标要求	0

2. 要素评价计分办法

一般项得分按百分制折算，如下式所示

$$A = \frac{B}{C} \times 100$$

式中，A 为折算分；B 为实际发生项条目实得分之和；C 为实际发生项条目应得分之和。

优选项按优选项实际发生条目加分求和

要素评价得分 $F =$ 一般项折算分 $A +$ 优选项加分 D

3. 批次评价计分办法

批次评价应按表 6-4 的规定进行要素权重确定。

表 6-4　批次评价要素权重系数

评价要素	地基与基础、结构工程、装饰装修与机电安装
环境保护	0.3
节材与材料资源利用	0.2
节水与水资源利用	0.2
节能与能源利用	0.2
节地域施工用地保护	0.1

4. 阶段评价计分办法

$$批次评价得分 E = \sum 要素评价得分 F \times 权重系数$$

5. 单位工程绿色评价得分

单位工程评价应按表 6-5 进行要素权重确定。

$$单位工程评价得分 W = \sum 阶段评价得分 G \times 权重系数$$

表 6-5　单位工程要素权重系数

评价阶段	权重系数
地基与基础	0.3
结构工程	0.5
装饰装修与机电安装	0.2

6. 单位工程绿色施工等级确定

单位工程绿色施工等级划分可以根据下述规定进行判断。

(1)达到优良等级的判断条件：①所有控制项都能满足规定要求；②单位工程总得分达到 80 分或以上；③结构工程得分达到 80 分或以上；④在每个评价要素中，都有两项或超过两项有优选项得分，并且优选项得分不低于 10 分。上述四个条件全部满足即可判定为优良等级。

(2)达到合格等级的判断条件：①所有控制项都能满足规定要求；②单位工程总得分达到或超过 60 分但未达到 80 分；③结构工程得分达到 60 分或以上；④在每个评价要素中，都有一项有优选项得分，并且优选项得分不低于 5 分。上述四个条件全部满足即可判定为合格等级。

(3)符合下述任何一项即可判定为不合格：①所有控制项都能不满足要求；②单位工程总得分未达 60 分；③结构工程阶段得分未达 60 分。上述三个条件中，只有满足其中任意一项即可判定为不合格。

四、绿色施工评价组织和程序

(一)评价组织

建设单位是工程绿色施工评价的组织方，施工单位和监理单位是绿色施工项目的参与方，绿色施工评价的结果必须具备三方签认。工程项目在施工阶段的评价是由监理单位组织、施工单位和建设单位参加，施工评价的结果必须具备三方签认。工程项目施工批次的评价是由施工单位组织、监理单位和建设单位参加，施工评价的结果必须具备三方签认。

(二)评价程序

在对工程项目进行绿色施工评价之前，必须先对其进行阶段评价和批次评价。绿色施工评价应由施工单位提出书面申请，在工程正式竣工验收之前进行绿色施工评价。在评价过程中，应严格检验施工技术资料和管理资料，并由施工单位提交《绿色施工总体情况报告》，最后由评价组做出最终评价等级，并将评价结果向相关部门备案。

第二节　环境保护评价指标

一、控制项

第一，在施工现场设置的标牌应能体现环境保护内容。

第二，应在施工现场主入口、主要临街面、有毒害物品堆放处等醒目位置放置环境保护标识。

第三，对施工现场周围的历史古迹、古树名木等文化遗产必须采取有效的保护措施。项目部门必须严格遵守我国文化保护的相关法律法规，制订行之有效的文物保护方案和应急预案。

第四，施工现场的食堂必须具备卫生许可证，食堂工作人员必须持健康证，食堂熟食必须有留样。

二、一般项

（一）资源保护的相关规定

第一，不得过度抽取地下水，保护施工现场周围的地下水形态。

第二，化学品、危险品等特殊物品应规划单独的放置区域，并设置有效隔离措施；污染物应设置专门的放置和排放区域，并设置有效防护措施。

（二）现场人员健康的相关规定

第一，施工现场的办公区和生活区必须与施工作业区分开布置。办公区和生活区 50 m 范围内禁止堆放有毒害物质；如果施工场地有限无法保持相隔距离，应采取有效隔离措施。

第二，施工现场的生活区应有专人负责，应设置必要的保暖措施或避暑措施。

第三，施工人员的工作强度和作业时间必须严格遵守国家相关规定，不得超时、连续高强度作业。

第四，在有毒害、强光、强噪声环境处作业的工作人员必须佩戴相应防护装备。

第五，在深井、室内、防水以及密闭环境中作业必须有自然通风，如果没有自然通风，应设置临时通风设施。

第六，存在危险的施工区域或施工设备，有毒害物品堆放区域等处应设置醒目的安全标识，必须设置有效的防护措施，并对相关作业人员加强健康管理。

第七，施工现场的卫生设施、厕所、排水沟渠、阴暗潮湿地带等必须定期进行消毒。

第八，食堂中的所有器具都应进行严格消毒，食堂工作人员必须严格遵守个人卫生管理条例和操作行为规范。

（三）扬尘控制的相关规定

第一，施工现场应建立清扫制度，配置专用洒水设备，由专人负责，按规定进行清扫和洒水，降低扬尘。

第二，集中堆放的土方或裸露在空气中的土方必须采取有效抑尘措施，如用尘布进行遮挡，设置临时绿化带，喷浆等。

第三，运送易产生扬尘的车辆可采取封闭或遮挡等抑尘措施。

第四，施工现场的进出口必须设置吸湿垫和冲洗池，保持运输车辆干净清洁。

第五，细颗粒和容易飞扬的建筑材料在堆放时不能直接暴露在空气中，应在封闭环境中存放，剩余的材料需及时回收，避免造成污染。

第六，会产生扬尘的施工作业必须采取必要的遮挡措施或抑尘措施，避免对周围环境造成污染。

第七，拆除作业、爆破作业等必须采取有效降尘措施。

第八，高空作业产生的垃圾不能直接抛萝，应采用机械运输或管道运输。

第九，预拌砂浆、散装水泥等建筑材料堆放处必须采取密闭措施和防尘措施。

（四）废气排放控制的相关规定

第一，进出施工现场的车辆和机械设备的废气排放必须符合国家要求；第二，施工现场的办公区和生活区中禁止使用煤作为燃料；第三，电焊作业的烟气排放应符合国家规定保准；第四，在施工现场禁止燃烧废弃物。

（五）固体废弃物处置的相关规定

第一，施工现场应设置分类垃圾桶，定期进行清运。

第二，建筑垃圾应做好及时、有效回收和合理再利用，回收利用率不得低于30％。如土石方、碎石类建筑废弃物可用于路基回填、地基建造等处。

第三，有毒、有害废弃物不能与一般固体废弃物放在一起，有毒、有害废弃物应做好完全分类，封闭回收、堆放。

（六）污水排放的相关规定

第一，施工现场应设置排水沟，特别是材料堆放区和施工作业区。

第二，厕所应设置化粪池，厨房应设置隔油池，定期进行消毒和清理。

第三，雨水和污水不能混排，应采取分流措施。污水必须经过污水处理，达标后方可进行排放。

(七)光污染的相关规定

第一，夜间施工时，应做好灯光投射角度计算或有效遮挡措施。

第二，在使用大型照明灯具时，必须采取有效挡光措施，避免强光线外泄。

第三，夜间实施焊接作业时，应采取有效挡光措施。

(八)噪声控制的相关规定

第一，施工器械和设备应优先选择低噪声设备，定期进行专业维护与保养。

第二，对于会产生较大噪声的机械设备应尽量设置在远离居民生活区、办公区的地方。

第三，噪声大的施工区域，如混凝土输送泵、电锯房等设备或区域处，应采取有效降噪措施。

第四，夜间施工期间的噪声声强应符合国家相关规定。

第五，混凝土振捣时禁止振动钢筋和钢模板；

第六，吊装作业指挥应使用对讲机传达指令。

(九)施工现场应设置连续、密闭能有效隔绝各类污染的围挡

施工现场围挡不能有断裂、缺口、残破的地方，确保围挡完整连续；围挡的材料尽可能选择可重复使用的材料；围挡高度应符合国家相关规定。

(十)施工中，开挖土方合理回填利用

现场开挖的土方在满足回填质量要求的前提下，就地回填使用，也可采用造景等其他利用方式，避免倒运。

三、优选项

第一，在噪声敏感的区域设置有效隔声设施，降低噪声污染。

第二，施工现场设置可移动环保厕所，定期进行清理和消毒。高空作业区域，每五层或八层设置可移动环保厕所，保证施工场地内厕所配置充足，由专人负责，定期进行清理和消毒。

第三，设置噪声检测点，对施工现场进行噪声动态监测，所以施工阶段的噪

声排放都应严格控制在国家相关规定限值内。

第四，施工现场设置医务室，制订作业人员健康管理制度和应急抢救预案。施工组织单位制订完善的应对各种突发灾害的应急预案，一旦发生意外情况，施工现场能够立即有序处理突发情况，避免事态扩大和蔓延。

第五，基坑施工应尽量做到封闭降水。基坑降水不仅会浪费水资源，还会对地下水的自然生态造成破坏，甚至可能会是基坑周围出现地面沉降、建筑物损坏的情况。

第六，施工现场应设置降尘设备，如土石方施工、钻孔作业、爆破拆除作业等，必须采取高空喷雾降尘设备降低扬尘。

第七，建筑垃圾应及时回收，回收利用率不低于50％。

第八，污水单独收集，经处理达标后方可排放。

第三节　节材与材料资源利用评价指标

一、控制项

第一，建筑材料的选择应遵循就地取材的原则，建筑材料的选择和使用情况都应准确记录。需要注意的是，这里说的就地取材是指材料产地与施工现场之间的距离不超过500 km。

第二，施工单位应制订完善的建筑垃圾回收再利用制度、限额领料制度等。

二、一般项

（一）材料选择的相关规定

第一，建筑施工的材料应优先选择绿色环保材料，应遵循材料优质、价格合理的原则，符合国家对建筑施工材料的相关规定。

第二，临时建筑的材料应尽可能选择可任意拆迁、可回收的材料。

第三，尽可能降低混凝土的用量，多利用矿渣、粉煤灰和外加剂等新材料，新材料的掺量应按照厂家建议掺量实施，参考实际施工条件、原材料和施工使用要求，经过试验合格后再最终确定。

（二）节约材料的相关规定

第一，尽可能使用管件合一的支撑体系、脚手架。

第二，尽可能选取新型模板材料和工具式模板。

第三，选用科学的材料运输方法，降低材料在运输途中的损耗。

第四，进一步调整和优化线下材料方案。

第五，新型模板材料、面材等应提前做好总体排版。

第六，根据地方气候环境和施工条件选择适合的环保设备、技术、材料以及施工工艺。

第七，提高脚手架体系和模板的周转率。以地区和项目实际情况为基础，高效发挥地方资源优势，尽可能采用环保材料、技术和工艺。

（三）资源再生利用的相关规定

第一，挖掘建筑余料的价值，提高建筑余料利用率。

第二，制订建筑废物管理制度，合理利用块材和板材等下脚料、砂浆科余料、撒落的混凝土等。设立分类垃圾箱，实施垃圾分类，提高建筑废弃物回收利用率。

第三，充分利用施工项目周围的市政设施和既有建筑物等。

第四，节约用纸，施工现场的办公用纸进行分类摆放，实现废纸回收再利用。

三、优选项

第一，制订材料使用规划方案，实施材料使用管理。

第二，尽可能采用建筑配件整体化或建筑构件装配化安装的施工方法。

第三，在建造主体结构的时候，优先采取自动提升、顶升模架或工作平台。

第四，建筑材料的包装应全部回收，并做好分类回收和集中堆放。

第五，尽可能使用预拌砂浆。预拌砂浆可掺加建筑和矿业废渣、废料，达到节约资源、抑制扬尘的目的。

第六，水平承重模板应采用早拆支撑体系。

第七，现场临建设施、安全防护设施应工具化、定型化和标准化。

第四节　节水与水资源利用评价指标

一、控制项

第一，项目单位和施工单位应在合同条款中加入具体的节水指标，通过合同的形式强化水资源管理。

第二，施工过程中，将节水纳入目标计量考核范围。

二、一般项

（一）节约用水的相关规定

第一，施工单位应结合项目工程的具体情况计算用水量，也为节水考核提供明确依据。

第二，施工现场、生活区和办公区都应建立科学合理的供水系统和排水系统。

第三，施工现场生活区和办公区应全部使用节水器具。

第四，工程用水和生活用水应分别计量，采取两套考核标准。对于用水较多的地方应实施定量控制。

第五，尽可能采取先进的节水施工工艺，如管道通水打压、混凝土养护、喷淋试验、防渗漏闭水等。

第六，对搅拌砂浆、混凝土养护等作业应采取相应的节水措施，优先选用预拌砂浆和商品混凝土。设置水计量检测装置和废水收集、循环利用装置。混凝土养护应尽可能使用喷涂养护液、薄膜包裹覆盖等先进的技术手段，避免无措施浇水养护，造成严重浪费。

第七，管网和用水器具不应有渗漏，防止管网渗漏应有计量措施。

（二）水资源利用的相关规定

第一，设置基坑降水回收再利用设备，特别是在地下水位较高、降水周期较长的工程项目，可收集雨水进行循环再利用。

第二，对于用水较为集中的冲洗区用设置循环用水装置，尽可能使用非传统水源进行冲洗作业。

三、优选项

第一，建立基坑降水回收再利用系统，对降水、冲刷用水、生活废水等进行收集、处理后，可用于冲洗作业、路面喷淋和部分生活用水。

第二，施工现场应设置降水收集再利用系统。

第三，如厕用水、绿化灌溉、路面喷淋、冲洗作业等用水尽可能使用非传统水源。

第四，生活、生产污水应处理后再使用。

第五，非传统水源必须经过检验合格后方可投入使用。

第五节　节能与能源利用评价指标

一、控制项

第一，施工现场内所有区域和主要耗能设备都应采取有效节能措施。主要的耗能设备有施工电梯、塔吊、现场照明、电焊机等，为了方便计量设备耗能情况，应对生活区、办公区和作业区设置不同的用电控制指标。

第二，定期计量核算主要耗能设备能耗。作业区应设置专用电表，与办公区和生活区分开计量能耗。定期收集能耗资料，创建节能统计记录表。针对不同类型的项目工程和施工环节进行数据对比和分析，探索有效的节能方法，提高能源利用率。

第三，不得使用国家明令禁止的、不符合强制性能源效率标准的设备、产品、生产工艺。

二、一般项

（一）临时用电设施的相关规定

第一，仅能使用节能设备、设施。

第二，临时用电设施、设备配置合理，与一般用电设备实施同样的管理制度。

第三，现场照明设计应符合国家相关规定。

（二）机械设备的相关规定

第一，施工设备、机械等应优先选用能源利用高的类型。

第二，建立施工机具资源共享机制。在组织设计环节，应预先规划好工作面、施工顺序等，控制机具使用数量；相邻作业区可充分共享机具资源。

第三，实施能耗设备管理制度，定期检查能耗设备能源用量和能源利用率，及时发现问题做出调整。

第四，实施设备技术管理制度，建立设备技术档案，定期进行养护。档案可帮助养护作业人员快速了解设备情况，制订养护方案，在出现故障时也能快速排查故障并进行修复。及时更换型号老、效率低下、能耗较高的设备。

（三）临时设施的相关规定

第一，临时设施应充分利用自然条件，尽可能使用自然采光、通风、外窗遮阳等。

第二，临时施工区域优先使用热工性能达标的屋面板和复合墙体，顶棚采用吊顶，门窗、屋面、墙体等部位宜采用保温隔热性能指标达标的节能材料。

（四）材料运输与施工的相关规定

第一，施工材料遵循就地取材的原则，材料运输应合理规划路线，降低运输过程中的能耗。

第二，尽可能选择低能耗的施工工艺，或在施工过程中改进工艺，提高能源利用率。

第三，合理规划施工工序和进度，做到均衡施工、流水施工，避免无序赶工赶期，造成人力、物力的浪费。

第四，尽可能避免夜间作业，缩短冬季施工时长。夜间作业施工效率比白天低，同时需要大量照明，能源需求大，施工单位应根据施工工艺和工期合理安排作业时间。冬季室外作业需要采取防寒措施，如浇捣混凝土时搭建防护棚或配备加热设施，产生大量能耗。

三、优选项

第一，根据工程项目当地的气候条件和自然资源，充分利用太阳能等绿色环保资源。尽可能配备节能系统，提高可再生资源利用率。

第二，临时用电设备采用自动控制装置。

第三，优先使用高效率、低能耗、污染小的设备，施工设备和机具应符合国家相关规定。

第四，施工现场的办公区、生活区和施工现场应尽可能使用节能照明设备。

第五，施工现场的办公区、生活区和施工现场用电应分别计量。

第六节　节地与土地资源保护评价指标

一、控制项

第一，合理规划施工场地，实施动态管理，根据工程进度随时调整场地布置。大多数项目工程都会设计三个阶段的施工平面布置图，分别是地基基础阶段、主体结构工程施工阶段以及装饰装修及设备安装阶段。

第二，临时用地必须具备审批手续。如果项目需求的临时用地超过了审批手续范围，就需要提前向相关部门办理审批手续，通过后方可使用。

第三，施工单位应充分了解场地周围工程地质情况、基础设施管线分布情况以及附近区域人文景观保护要求，制订有效保护方案，之后向相关部门申报核准之后方可执行。从土地资源保护和合理利用的角度出发，施工单位应在充分了解熟悉施工场地的前提下制订相应方案和措施。

二、一般项

（一）节约用地的相关规定

第一，坚持减少占地的原则，施工场地平面布置应保持合理紧凑。临时设施的搭建要科学合理，尽可能减少占地。单位建筑面积施工用地率是施工现场节地的重要指标，其计算方法为

(临时用地面积/单位工程总建筑面积)×100%

第二，施工现场占地只能在相关部门批准的工程用地和临时用地范围之内。

第三，施工单位应结合施工现场和周围道路条件合理规划现场内交通道路，双车道宽度不能超过 6 m，单车道宽度不能超过 3.5 m，转弯半径宽度不能超过 15 m，尽可能规划为环形通道。

第四，场内临时道路设置应充分考虑永久道路和原有道路，合理使用拟建道路。

第五，道路布置尽可能采用预拌混凝土。

(二)保护用地的相关规定

第一，施工现场应采取有效的防水土流失措施，利用场内永久绿化设施，提高现场绿化面积，保持水土。

第二，充分利用施工现场周围荒地和山地，作为取土、弃土场地，不占用农田，遵循"用多少，垦多少"的原则，在项目工程结束后尽可能恢复原有取土、弃土场地原有的地形、地貌。在条件允许的情况下，可利用弃土造田，扩大周围耕地面积。

第三，在项目工程结束后应尽可能恢复被破坏的植被。施工单位应与当地园林部门和环保部门建立合作，在施工现场种植合适的植物，不仅能起到保持水土、提高绿化的作用，也降低了工程完成后恢复原有地貌、植被的难度。

第四，优化深基坑施工方案，减少土方开挖量和回填量，最大限度节约、保护土地资源。深基坑施工是一项重要的用地工程，需要建立地下设施，会对周围环境产生非常大的影响，为了降低深基坑施工对周边环境的不良影响，在制订深基坑施工方案的时候，要充分考虑、论证土方开挖量和回填量，最大限度降低对土地的影响，保护周边生态环境。

第五，在生态环境较为脆弱的区域完成项目工程后应尽全力恢复原有地形、地貌。在有重要人文、历史价值的场地附近施工时，应提前与相关部门协调沟通，建立有效保护方案和应急预案。施工场地内及周边有价值的植物、建筑、地形、地貌等是该区域重要的历史文脉和景观标志，根据国家相关规定应予以充分保护。如果因为施工造成周围环境改变，必须采取有效保护措施和修复措施，向有关部门申报许可后方可实施。

三、优选项

第一，施工现场的生活区和办公区用房优先采用可重复使用的装配式结构，如钢骨架多层水泥活动板房、多层轻钢活动板房等。不仅能够节约建材，还能减少占地面积，既能满足现场人员生活和工作的需求，还绿色施工技术标准要求。

第二，施工过程中如发现地下文物资源，应立即停止施工，保护现场，并向有关部门报请处理。

第三，密切监测地下水位，加强对地下水位控制，降低对相邻的地表和建筑物的影响。

第四，推动建筑工业化生产，实施钢筋加工配送化、构件制作工厂化，不仅能减少现场绑扎作业，节约临时用地，还能提高施工质量和效率，缩短工期，提高经济效益。

第五，充分保护和利用施工现场建筑物、构筑物、管线、原有道路等，提高现场资源利用率。施工现场的生产设施、生活设施和临时设施应在满足安全舒适的前提下，尽可能减少土地使用面积。

第七章

绿色建筑施工技术应用案例

第一节　复合陶瓷薄板干挂施工方法的应用

陶瓷薄板也称薄瓷板，是一种新型环保建筑材料，由高岭土及几种无机非金属材料经过高温煅烧等工艺加工而成，厚度仅有 5.5 mm。陶瓷薄板具有质量轻、抗压性能强、耐磨、抗滑、厚度小的特点。陶瓷薄板的颜色和品类十分丰富，颜色不易褪，不易变形，能高度模拟天然石材的色泽、触感等，近年来在建材市场中广受好评。本节提到的复合陶瓷薄板是由 5 mm 玻璃与陶瓷薄板夹 0.76 mm PVB 中间层复合而成的一种板材。这种复合陶瓷薄板和传统陶瓷薄板相比，在防火、防水、防潮、防酸碱上展现出更强的性能，并且更容易拆卸和日常清洁保养，被广泛应用于公共建筑中，具有比陶瓷薄板更强的抗冲击能力，有效杜绝安全隐患。

一、工艺特点

(1)复合陶瓷薄板的总厚度为 12 mm，对多种天然石材的仿真度可达 95%，做到"完美"仿真。并且可以根据用户的需求定制颜色和质感，不易褪色，具有高抗折、高耐候性的特点，材料健康安全，无放射性物质产生。复合陶瓷薄板采用 PVB 中间层，即便板面破碎，其碎片也会附着在 PVB 上，不会迸溅脱落，对附近人员造成损伤。

(2)复合陶瓷薄板的上下两边使用的是通长铝合金挂件，挂件的槽口内侧垫有橡胶条，挂件与横龙骨采用螺栓固定，这样就可以根据实际需求进行前后左右自由调节，整体安装模式为装配式安装，操作工艺不复杂，实用性更强，也不用多开槽，不会产生扬尘，整个施工过程污染排放很少，绿色环保。

(3)钢转接件、前置预埋件与后置预埋件采用焊接安装，其他组件采用螺栓连接的装配式安装，操作方便快捷，质量可靠，方便拆卸，拆卸下来的板材能够重复利用，做到节能节材。

(4)复合陶瓷薄板的密度相对较小，能大大降低作业人员的劳动强度，降低了施工难度，节约了施工成本，施工安全也更有保障，实现经济效益和社会效率的提升。

(5)复合陶瓷薄因其自身特性十分适宜在人口密集、人流量大的大型公共建筑中使用，如机场、地铁、商场、隧道等。

二、适用范围

复合陶瓷薄适合在人流密集的大型公共场所中使用，如机场、地铁站、火车站、高铁站、汽车站、隧道、住宅等公共区域的内外墙墙面装饰工程。

三、工艺原理

(1)双钢角码转接件用后置埋件的方式固定在墙体上，后置埋件使用 4 个 M12×160 mm 化学锚栓，如果是砌体结构的墙体需使用对穿螺栓固定。复合陶瓷薄板使用铝合金定制挂件安装连接到横龙骨上，墙面陶瓷薄板横、竖剖面图如图 7-1、图 7-2 所示。

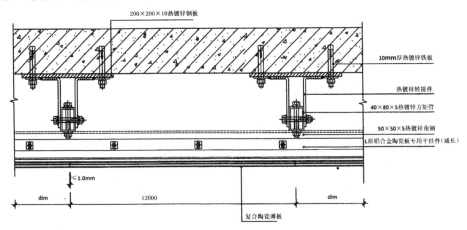

图 7-1　墙面陶瓷薄板横剖面

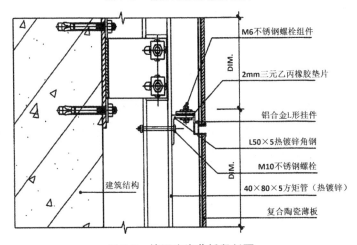

图 7-2　墙面陶瓷薄板竖剖面

(2)连接复合陶瓷薄板横龙骨为热镀锌角钢，长 50 mm，宽 50 mm，厚 5 mm；主龙骨为热镀锌方矩管，长 40 mm，宽 80 mm，厚 5 mm。横龙骨和主龙骨均采用螺栓固定，横龙骨水平间距根据设计板块分割大小进行固定。

(3)主龙骨采用不锈钢螺栓固定在双钢角码转接件上，不锈钢螺栓为 2 个 M12×100 mm。

(4)面板通过通长铝合金挂件及不锈钢螺栓组与副龙骨实现卡扣式连接。

四、工艺流程和操作要点

(一)工艺流程

测量放线→安装后置埋件→安装角码转接件→安装防雷→安装立柱→安装横梁→安装薄板→填缝→清理。

(二)操作要点

1. 测量放线

(1)初次弹线分格。根据复合陶瓷薄板的尺寸，结合排板图，先在墙上进行预排，注意窗间墙排板保持一致，如果建筑物的实际尺寸和外装图纸标记尺寸不相符，出现非整板现象，可以将非整板调整到房屋的阴阳角处，注意窗两边的对称。

(2)弹线确定主龙骨位置。初排通过调整使窗间墙排板保持一致厚，用钢丝铅垂吊线找到主龙骨的位置，竖向主龙骨间距不超过 1 200 mm，横向次龙骨间距 800 mm。

2. 后置埋件安装

1)后置埋件定位

用硬纸板制作一个后置埋件一模一样的纸埋件模型，在纸埋件上画出竖中心线，将纸埋件贴在墙上，纸埋件上的中心线与竖向龙骨垂直定位线对齐，纸埋件上边线与每排后置埋件的水平安装控制线对齐，只有用记号笔在安装孔上做记号。

2)安装化学螺栓

(1)用冲击钻在后置埋件定出的位置打孔，孔径和孔深根据设计图纸要求确定。

（2）钻孔里的灰尘可以使用专用压缩空气机或气筒清理，应反复清理至少 3 次，确保钻孔里没有灰尘和明水残留。

（3）使用专用药水注入孔内用以固定化学锚栓，之后使用电锤、电钻、专用安装夹具把化学螺栓螺杆旋转插入钻孔。

（4）化学螺栓螺杆旋至孔底或标志好的位置后停止旋转，卸下安装夹具，使用凝胶固化，注意在凝胶完全固化前不要晃动化学螺栓螺杆。

3）拉拔试验

化学螺栓的稳定性和紧固程度要求很高，会直接影响墙面的安全性，因此，在埋件安装前需要做拉拔试验验证化学螺栓是否达到设计强度要求。化学螺栓取检验批总数的 1%，且抽取数量不少于 3 根，抽检合格方可做埋件安装。

4）后置埋件安装

将后置埋件套在四根锚栓上，初步拧紧螺母，待调整锚板的表面平整度和垂直度后再彻底拧紧螺母。安装后需检验螺栓和螺母是否完全拧紧，用扭矩扳手检验拧紧力度，至少为 60N·m，取检验批总数的 1/3，抽检合格后做点焊固定，确保安装牢固可靠。

3. 角码转接件安装

（1）角码安装。根据垂直控制线确定安装角码的位置线。在焊接角码时，角码的位置对准墨线，并同时把角码同水平位置两边的角码临时点焊，电焊后做焊接检验，再把同一根立柱的中间角码点焊，之后检查调整同一根立柱角码的垂直度，确定符合要求后做角码和埋件的满焊。

（2）后置埋件和角码转接件安装完成后，检验牢固性是否合格，之后就可以对焊接位置进行防锈和防腐处理。

4. 防雷安装

防雷安装可以使用 φ 12 防雷连接钢筋焊接在后置埋件上，或按照设计图纸要求安装，之后再与主体结构的防雷系统连接，注意防雷连接钢筋水平设置间距在 10 m 以内。

5. 立柱安装

（1）立柱材质选择镀锌方通，完成立柱下料之后，根据角码转接件定位螺栓孔，偏差不能大于 2 mm。之后使用台钻钻出螺栓安装孔。根据板块的分割排板定位放线，然后在立柱正面冲长条形孔，对放线精度要求较高，冲孔长度尽量控制在 5 cm 以内，这样安装完横龙骨之后还可以做调整。

（2）先在墙面两端安装立柱，安装完立柱后，用不锈钢螺栓把立柱连接在角码转接件上，根据垂直线和墙面端线调整立柱位置，确保立柱的垂直度，调整立柱和墙面距离，然后做最终固定。

（3）按照从下到上的顺序逐层安装立柱，对接的位置用镀锌角钢连接件做伸缩节，钢板上端与上立柱用螺栓固定，钢板上下端插进安装好的下立柱内，上下立柱接头留出伸缩缝隙，20 mm 为宜。

6. 横梁安装

（1）安装完立柱后，根据水平安装控制线，结合板块的设计宽度和横缝宽度，按照顺序在立柱上确定横梁的安装定位线，注意定位线沿建筑四周应是闭合的。完成弹线后，确认无误后开始安装横梁。

（2）横梁材质为镀锌角钢通长横梁，横梁长度根据图纸设计要求，通常不小于 250 mm，完成角钢下料之后用台钻钻出安装孔，用 M10 的挂件螺栓固定。

（3）横梁安装完成后，调整横梁位置，检验无误后用不锈钢螺栓将横梁固定在立柱的螺栓孔洞内。

（4）安装完全部横梁后，需要和建设单位以及监理验收龙骨的隐蔽性，验收合格后方可安装挂件和复合陶瓷板。

7. 铝合金挂件安装

（1）用螺栓将铝合金挂件固定在横梁上，铝合金挂件的一端是可调节安装孔，另一端是向上槽口和向下槽口，并且下槽口比上槽口深一半。

（2）挂件用螺栓固定，注意使用绝缘垫片。先将螺栓稍稍固定，在检查薄板平整度和垂直度合格后再完全拧紧。

（3）按照设计图纸的要求，确定薄板安装与墙面间距和墙面端线。首先固定横梁最下面左右两端的挂件，调整两挂件之间平整度控制线，再根据控制线按顺序拧紧最下面其他挂件的螺栓。

8. 薄板安装

（1）薄板安装按照从下到上的顺序逐排安装，先安装转角处薄板，再安装中间薄板。

（2）在每块薄板上都需安装上下两道通长铝合金挂件，在挂件槽口放入三元乙丙橡胶条，再插入第一块薄板承载壁，将上排铝合金挂件扣上，调整薄板位置，初步拧紧螺栓。

（3）根据平整度控制线沿垂直墙面方向调整上排两个挂件，检查面板平整度后拧紧上排挂件螺栓；根据竖缝直线度控制线左右移动面板，使板边缘与控制线对齐。

（4）根据上述三个步骤按顺序安装剩下的薄板，通过水平移动调整薄板间的竖缝，使其刚好能卡住分缝铝合金托码，调整力度要轻，避免用力过猛造成相邻板块发生位移。通过中间设置的竖缝直线度控制线纠正偏差，降低误差积累，一般使用 2 m 靠尺检查板面安装的平整度。

9. 填缝

（1）内墙干挂填缝。横向缝采用铝合金挂件的自然缝，通常为 15 mm，竖向缝隙根据业主需求使用填缝剂，安装过程中要控制竖向缝隙，使其不超过 1 mm。

（2）外墙干挂填缝。外墙干挂填缝要做到密闭防御，因此需先嵌入 φ 10 泡沫棒，再使用耐候结构胶嵌缝，预留缝隙宽度 10～15 mm。

10. 清理验收

安装薄板后需系统检查完成面作业情况，如地板上是否有污染物残留，如果有污染物可用棉布蘸取少许清洁剂小心擦拭，再用清水擦拭。无论是在安装过程中还是在安装完成后，都需注意保护好成品，避免重物撞击和蹬踏。

复合陶瓷薄板干挂的规格十分精确，性能稳定，耐久性强，能长时间使用，并且能够采用工厂集成和规模化生产，所使用的都是可回收再加工的材料，实现资源循环，多次利用，能够有效节约资源，减少浪费。复合陶瓷薄板自身具备一定的自洁功能，且不容易产生污染物沉积，不易吸附灰尘，通过雨水冲刷便可实现表面清洁，能大大降低建筑物的清洁与维护费用。复合陶瓷薄板和同类幕墙工程相比，施工工艺更加简单，施工速度更快，能有效缩短施工周期；并且使用的是低耗能材料，更加绿色环保，在建筑完成后能够大大节约维护成本，符合当前节能环保降耗的社会主题，将在我国建筑干挂墙体装饰工程中得到更广泛的推广和应用。

第二节　高层建筑中水系统的施工与调试

近年来，低碳环保、节能减排是城市建设的主要方向，并且，随着技术的不断进步，新材料和新工艺不断涌现，许多建筑设计都开始向绿色建筑方向发展。本节要介绍的是高层建筑节水系统，通过中水系统将整栋大楼的雨水收集起来，再通过回收净化装置对雨水做统一处理形成达标的中水，在通过独立的管道对整栋大楼分流输送，可用于大楼提供植被浇灌、厕所冲洗等，实现资源再利用。

一、雨、废水回收系统

（一）雨、废水回收装置的构成

本节所介绍的高层雨、废水回收装置主要有屋顶雨水收集器、大楼中水管网、PP 模块收集池、回用清水箱、提升泵、斜管沉淀池、石英砂与活性炭过滤器、变频供水泵、电路集成控制系统等。

（二）雨水回收装置的原理

雨水回收装置能够汇集建筑物顶部、广场的地表雨水，统一流入 PP 模块收集池，通过提升泵将汇集的雨水提升到收集清水箱中，再通过一级提升泵再次提升，系统会自动向反应池中投放絮凝药剂，经过混凝后的废水流入斜管沉淀池，在这里会对废水做分离净化，之后流入沉淀池，经过澄清后流入中间水池，通过二级提升泵提升到石英砂过滤器中，经过石英砂过滤和活性炭过滤，最终流入回用清水箱，通过加压变频水泵输送到中水系统管网中进行使用。

（三）雨水回收处理工艺流程

雨水收集过程主要分为四个环节，依次是初期弃流、过滤、储存、送至用水点，具体雨水回收处理工艺流程如图 7-3 所示。

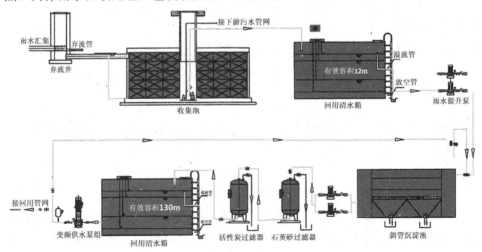

图 7-3　雨水回收处理工艺流程图

二、关键技术与施工要点

（一）基坑开挖

根据施工图纸尺寸放线定位，在挖基坑的时候需注意预留出安装进水管和出水管的位置，PP 模块收集池各边预留距离至少为 0.7 m。基坑挖好后应做地基处理，地基夯实整平后浇筑厚度为 100 mm 的 C15 混凝土垫层。地基表面应确保平整光滑，高程误差值为 ±20 mm。

（二）复合土工膜铺设

复合土工膜铺设采用 PP 模块，用塑料模块制作雨水收集池。为了确保雨水收集池的密封性，这里需要把复合土工膜焊接成一整张，焊接过程中应注意把控防渗土工膜的搭接宽度，至少为 500 mm。防渗土工膜采用双道焊缝接缝方式，首先进行预铺设，按设计规格进行剪裁，再次调整铺设位置，确保复合土工膜对正、搭齐，再进行压膜定型，完成后擦拭复合土工膜上的尘土。之后先做点焊接，进行调整之后做焊接，焊接完成后检测焊缝焊接质量。复合土工膜采用人工铺设，从最低部开始向高位卷铺，铺设过程中注意不能拉得过紧，要留出适当余幅，满足下沉拉伸的裕量。完成铺设后，需检查铺设作业，及时修复有破损的地方。

（三）PP 模块雨水收集池安装

根据图纸尺寸安装 PP 模块，模块应排列整齐，以便同一层和上下层储水模块之间的固定连接。同层储水模块之间的连接可以使用横向固定卡，同侧固定卡的使用数量至少是 2 只，短边一侧固定卡的使用数量至少是 1 只。上下层储水模块之间的连接可以使用纵向固定杆，每个模块上下层之间的固定杆至少要 2 只。这里需要注意的是，在连接 PP 模块的时候，尽可能不要做垂直连接，最好先铺设第一层，再逐层向上铺设。

（四）包裹复合土工膜

安装完 PP 模块收集水池后，把焊接好的复合土工膜包裹在 PP 模块的四周并折好。在包裹顶面时应注意在两侧预留搭接宽度，不少于 500 mm，之后在管道口位置把土工膜切开，使管道连接件伸出来，做好管道连接件的密封作业。

（五）中水机房管道、线路布置及水泵安装

（1）中水机房管道材料使用涂塑复合钢管，采用丝扣连接固定。在安装管道的过程中，需要根据图纸精确定位安装位置和坡向位置，放坡后需检验坡度是否合格。管道支吊架间距设置规范，在三通、弯头、阀门位置前后均应设置固定支架。如果管道需要穿墙，应设置两端与墙面平齐的套管，用阻燃密实材料封堵套管和管道之间的缝隙。

（2）线路布置流程是，根据图纸定位电气控制箱，安装固定后，在机房内安装电缆桥架，敷设电线、线缆，做好设备连接。安装的时候需要注意以下几点：①柜门和电气控制箱箱体应接地可靠；②电气控制箱箱内同一端子导线连接应控制在 2 根以内，控制箱进线口和出线口的位置应用橡胶护口做保护，避免线缆磨损。电气控制箱箱内应做好回路标识，电线端头需套回路标识，控制箱与桥架之间连接处需设置接地跨接线。

（3）安装水泵。在安装水泵时应注意压力表、止回阀和阀门的朝向，应便于日常观察，压力表下面应设表弯；水泵进水口采用偏心大小头，出水口采用同心大小头，安装的时候保证表面水平。水泵附件法兰螺栓孔排成线，螺栓朝向应保持一致，螺栓露在外面的部分不能超过螺栓直径的一半。立式水泵减振器为杯形橡胶减振器。水泵吸入、输出管的支架需单独埋设，埋设后应检验牢固性，注意不能让水泵承重。水泵出水口侧弯头设橡胶减震顶托支架。

三、设备整体运行调试操作规程

（一）加药装置溶液的配制

（1）聚丙烯酰胺（PAM）溶液的配制浓度为 2‰～3‰，加水搅拌时间应控制在 20～30 min。

（2）聚合氯化铝（PAC）溶液的配制浓度为 8‰～10‰，加水搅拌时间应控制在 10～20 min。

（二）设备的操作步骤

1. 设备正常运行出水

（1）溶液配制好后启动设备。

（2）开启 PP 模块收集水池提升泵，提升回用清水箱的水位至指定高度。

（3）开启一级提升泵，打开进水阀、出水阀和排空气螺丝，直到看到水流出为止。调节水流控制量为 10 m³/h。根据水质情况确定 PAC 和 PAM 配制溶液的投加量，可用加药泵控制投加量流量。

（4）投加溶液的废水可通过提升泵流入反应池，待完成混凝反应后自出水口进入斜管沉淀池。待完成沉淀后自出水口进入中间水池。沉淀池中的污泥每隔一段时间排入污泥池。

（5）开启二级提升水泵，控制水泵流量为 10 m³/h，将水流高度提升至石英砂过滤器，开启石英砂过滤器的上部进水阀。打开排气阀，直到排气阀出水方可关闭排气阀。打开石英砂过滤器的出水阀，使废水流入活性炭过滤器。开启活性炭过滤器的上部进水阀。打开排气阀，直到排气阀出水方可关闭排气阀。打开活性炭过滤器的出水阀，使废水流入回用清水箱。

（6）过滤器设备反冲洗运行，注意每个过滤器都需单独冲洗。

（7）设备在运行一段时间后，进水压力会上升，出水流量明显下降，这时就需对设备进行反洗。

（8）开启二级提升水泵，开启活性炭过滤器的反冲洗进水阀和过滤器的反冲洗出水阀，设备反洗时间应控制在 8～10 min。

（9）设备反洗完成后，进行设备正洗。关闭过滤器的下部进水阀和上部排水阀，开启过滤器的上部进水阀和下部排水阀。打开取样阀，产看水样情况，直到流出的水清澈透明才可恢复设备运行状态。

四、运行操作说明

（一）开机准备

检查过滤器本体以及本体附属的各阀门、管路、仪表、各设备附件等是否完好；确认各排放、正洗、反洗阀门是否呈关闭状态；打开过滤器排气阀，直到有水流出后关闭过滤器排气阀。

（二）开机运行

运行工作流程：排气→运行→反洗→排水→正洗。

（三）排气与冲洗

在对设备进行首次调试时，应打开石英砂过滤器的进水阀和排气阀，直到排气阀有水流出后方可关闭排气阀，确保设备内部没有空气，打开正洗排放阀备用。冲洗过程总打开过滤器的进水阀和正洗排放阀，直至取样阀流出的水清澈透明为止。

（四）运行周期

设备运行之前应打开过滤器的进水阀和出水阀，开启过滤水泵。设备运行的时间可根据实际情况自行设置，设备达到预设运行时间后会自动停止运行。

（五）反冲洗

反冲洗的目是清洁过滤层，原理是通过冲洗使滤层松动以便清洗掉滤层截留的污物。反冲洗时应关闭过滤器的进水阀和出水阀，再打开反冲洗进水阀和反排阀，反冲洗时间根据反冲洗排水浊度确定，时间至少为 5 min。

（六）正冲洗

打开过滤器的进水阀和正冲洗排放阀，直到正排口流出的水样清澈透明时为止，冲洗时间至少为于 5 min。

五、设备运行管理与维护保养

（一）设备运行管理

要做好水泵运行记录，定期对水泵进行巡回检查。在水泵运行时观察仪表数据是否正常。如果水泵机组在运行过程中出现异常噪声或振动时应进行检修，及时做出调整。定期检查加药系统的药剂量是否充足，避免加药泵空转。每周至少实施一次沉淀池排泥，避免沉淀池堆积大量污物。

（二）设备维护保养

运行管理和维修人员应充分熟悉设备和系统的运行规律、运行制度和维修操作规程。定期对设备连接件进行检查和加固，容易损坏的配件应定期更换。定期清理控制柜，同时测试各项技术指标是否运行正常。每月需对备用水泵做一次试运行。当温度到达零下时，需将水泵进水口的排气阀打开，同时打开水泵上的排水口。

第三节　房建工程大跨度结构早拆模板施工技术的应用

近年来，建筑设计的理念不断更新，建筑市场和社会对建筑的需求也发生了变化，办公和住宅用建筑的风格逐渐向"结构大开间"方向发展，建筑工程的梁、板跨度增大。按照国家标准要求，要拆除梁、板跨度 8 m 以上的梁板支模系统，需要混凝土强度达到设计要求等级的 100%。所以，大跨度结构建筑的支模系统周转相对较慢，对模板、支模架和木方的投入更多，造成施工成本的增加。并且，高层、超高层结构施工的外围护结构都需采用附着爬架，根据国家标准要求，附着爬架的覆盖面为四层半结构，而大跨度结构施工通常单层拆模的周期更长，和爬架提升周期、上部结构施工不匹配，容易出现下部拆模作业时没有外围护结构的问题。

早拆模板技术也叫后拆支柱技术、先拆模板术，该技术既能确保混凝土强度达到标准要求，还能缩短模板拆除周期，实现模板的重复利用。所以，该技术能够减少建筑施工过程中模板的需求量，解决模板数量短缺的问题，从而降低工程施工成本。同时，该技术能使内支撑体系与外围护体系施工同步匹配，有效控制大跨度结构提早拆模工况下的结构梁板挠度变形的问题，确保大跨度结构的安全。

一、大跨度结构早拆模板施工技术工艺原理

根据设计图纸计算大跨度梁板各分段的划分部位，可设置固定式钢管柱支撑或可调式独立三脚架，把大跨度结构划分为若干个小跨度结构，当混凝土强度达到设计要求的 75%时就可以拆除模板支撑体系，并且能保留独立支撑，在确保结构安全的前提下缩短模板和支撑的周转周期(图 7-4)。

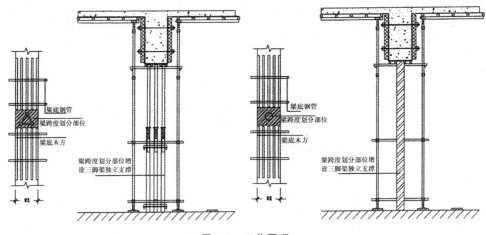

图 7-4　工艺原理

二、大跨度结构早拆模板施工技术施工工艺

（一）工艺流程

识别需拆除的大跨度梁板，根据设计图纸划分各分段部位，搭设模板支模体系，铺设模板，设置独立支撑体系，绑扎钢筋，使用混凝土进行浇筑，再拆除支撑体系，最后拆除独立支撑。

（二）操作要点

1. 识别大跨度结构

根据《混凝土结构工程施工规范》要求，混凝土结构支模体系拆除条件见表7-1。

表 7-1　混凝土结构支模体系拆除条件表

构件类型	构件跨度/m	按达到设计混凝土强度等级值得百分率计/％
板	≤2	≥50
	＞2，≤8	≥75
	＞8	≥100
梁、拱、壳	≤5	≥75
	＞8	≥100
悬臂结构		≥100

根据工程设计图纸要求，以及单层施工周期，识别需提前拆除支撑体系的跨度不小于8m的梁板。

2. 确定跨度划分部位

(1)根据模板配置数量和单层施工周期可以确定拆模时梁板混凝土的实际强度以及拆模时间。一般情况下，标准层模板和支撑体系的标准配套数量是4套，单层施工周期为7天。前层混凝土浇筑时下部保留2层支撑，拆模时混凝土强度均能达到设计强度的75%。

(2)根据计算分析，确定梁板跨度划分部位，计算原理为：假设层间支架刚度无穷大，则有各层挠度变形相等，即 $P_i/E_i = P_i - 1/E_i - 1 = P_i - 2/E_i - 2 \cdots$，则有 $p_i' = (E_i \sum F_i)/(\sum E_i)$，通过对楼层大跨度梁板的裂缝、挠度控制计算及独立支撑的支座受力分析，明确需设置独立支撑的部位并提交设计单位复核，形成固化图。

3. 搭设支模体系

根据独立支撑固化图，楼层放线时需在楼面上确定设置独立支撑的位置和部位，才能开始搭设梁板支模架。支模架搭设应为搭设独立支撑预留出一定空间。在使用可调节三脚架支撑的时候，可与支模架搭设同步，如果采用的是钢管柱，则需利用塔吊后吊装。

4. 铺设模板

在铺设模板的时候，应分别在梁底模板和板模板上放线，确定设置独立支撑的部位和位置。如果梁板底也需设置独立支撑，则需将支模钢管、模板、木方做打断处理。

5. 设置独立支撑

在划分部位设置的独立支撑既可采用可调三脚架独立支撑，也可采用钢管柱独立支撑。采用可调三脚架独立支撑时，应先放置顶部钢板，再架设支撑杆，调整可调螺旋使顶撑杆至设计标高。采用钢管柱独立支撑时，应结合图纸计算出钢管高度，再将顶部钢板焊接到钢管柱上，利用塔吊从梁板预先开好的洞口处吊装到位。

6. 绑扎钢筋和浇筑混凝土

模板支撑和独立支撑设置完成后，绑扎梁板钢筋并浇筑混凝土。在浇筑混凝土的时候，需结合实际情况预留同条件养护试件和标准养护试件。

7. 拆除支撑体系

在拆除支撑体系之前，应先试压同条件养护试件，确认试件强度是否达到设计强度 75%，达标后方可拆除底部支撑体系。拆除支撑体系的时候，注意不能扰动独立支撑，独立支撑需在混凝土强度达到设计要求 100%时才能拆除。

三、大跨度结构早拆模板施工技术应用的局限性和问题

（一）大跨度结构早拆模板施工技术应用的局限性

（1）对支撑设置有严格要求。独立支撑设置需专业设计，现场施工人员通常无法掌握独立支撑需要的设计深度和细度要求。

（2）对施工管理有严格要求。与传统模板体系的搭设相比，大跨度结构早拆模板体系需要更为严格的现场施工管理，测量放线作业更多，特别是设置独立支撑的时候，需要打断梁底支模钢管、模板和木方，在一定程度上会对现场施工劳务作业的积极性造成消极影响。

（3）对拆模条件有严格要求。拆模时间根据混凝土强度而定，因而施工单位不容易把握拆模时间，并且无法预算早拆后混凝土结构变化，这也是施工单位、设计单位和建设单位对大跨度结构早拆模板技术的主要顾虑。

（二）大跨度结构早拆模板技术运用后，部分混凝土出现裂缝的问题

收缩变形和温度变形的间接作用是造成混凝土开裂，除此之外，下述几个原因也是造成混凝土产生裂缝的主要因素。

（1）由于该技术在混凝土梁板底增加了支撑，使混凝土梁板顶的支撑处从过去的压区变成了受拉区，因而会在梁板顶出现负弯矩。而在原设计中，因为没有考虑混凝土梁板支撑处的负弯矩，所以没有采取相应的加强措施，所以梁板顶支撑处就容易产生裂缝。

（2）该技术模板拆除时混凝土强度仍处于较低的状态，这时再使混凝土板承受较大载荷，如施工作业，承载施工设备、材料等，支撑处就容易出现开裂。

（3）早拆模板技术交底不到位，施工现场管理不够严格，误将后拆的支柱拆除，这些人为因素也能造成梁板开裂等问题。

（三）针对大跨度结构早拆模板裂缝问题的防范措施

（1）在施工前进行结构验算，并认真分析验算结果。①若建筑结构构造在模板早拆后能够抵御负弯矩，那么就不需要采取其他措施，可以直接使用跨度结构

早拆模板施工技术；②若建筑结构构造在模板早拆后无法抵御负弯矩，那么就需要在支撑处的构件上部增加配筋。需要注意的是，配筋的成本要与事实大跨度结构早拆模板技术所获得经济效益相比较，如果成本较高，则不适合使用该技术。

（2）实施早拆后，要严格控制楼板上的施工荷载，尤其是集中荷载，必须要严格控制。施工单位必须要转变只要拆除模板就能随便施加荷载的的观念，要合理安排施工工序，加强对现场设备和材料的管理，避免出现较大的几种荷载。

（3）加强施工现场技术交底，提高施工人员的技术水平，严格施工现场管理，尽可能避免人为错误的出现。

四、实施效果

本节举例设施项目的主体结构采用了木模支撑体系和外围护附着爬架体系施工，两栋塔楼都是框架结构，从设计图纸可以看出两栋塔楼标准层都有超过 8 m 大量跨度的梁，部分梁跨度见表 7-2。

表 7-2　大跨度构件统计表

1 号办公楼			2 号办公楼		
序号	构件名称	净跨	序号	构件名称	净跨
1	＊KL17	13 000	1	＊KL2	11 050
2	水平折梁	14 885	2	＊KL18	14 216
3	＊KL20	12 250	3	＊KL22	11 880
4	＊KL35	12 450	4	＊KL32	11 500
5	＊KL39	12 250	5	＊KL33	11 700
6	＊KL22	12 450	6	＊KL30	11 750
7	＊KL29	12 450	7	＊KL31	11 750

注：表中＊号表示楼层。

考虑到模板配置数量、爬架提升需求、结构拆模要求以及施工周期等因素，需要确定对建筑主体结构的大跨度梁实施提前拆模。根据图纸识别典型梁，计算出跨度划分部位，独立支撑体系设置，在混凝土强度达到设计强度的 75％时梁的受力情况、裂缝控制和挠度变形等情况，评估结构安全指标，明确跨度划分要求，最终形成固化图纸（图 7-5）。现场施工按照固化图纸进行，并对结构的挠度变形、裂缝等实施监测。

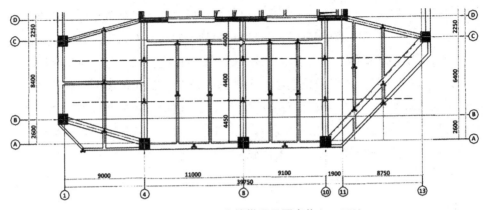

图 7-5　1 号楼独立支撑搭设平面定位(1∶150)

通过合理划分大跨度梁(≥8 m)的支模跨度、设置独立支撑体系，在混凝土强度达到设计要求 75% 时即可拆除其模板支撑体系，缩短施工周期的同时有效控制了结构挠度变形，在保证结构安全前提下加快了施工进度，减少了模板及支撑体系的配置数量，降低了项目建造成本。

第四节　拉杆式壁挂悬挑脚手架
在工程项目中的应用

一、工程概况

本节所举例的工程项目是一处位于市区的居民小区，项目总建筑面积 59 791.15 m²。项目包括 4 栋高层建筑，均为框架剪力墙结构，其中 6 号、7 号、8 号楼为 18 层，标准层层高 2.9 m，总建筑高度为 53.05 m；9 号楼 26 层，标准层层高 2.9 m，总建筑高度 79.2 m。外脚手架为落地式双排钢管脚手架，搭配拉杆式壁挂悬挑脚手架，脚手架的纵距为 1.5m，横距为 0.85 m，步距为 1.8 m，钢管采用的是 φ48×3.0 mm 钢管，悬挑工字钢采用的是 18 号工字钢，拉杆采用的是 φ18 圆钢。6 号楼~9 号楼的悬挑架从三层板面起挑，三层以下采用落地式钢管脚手架，各楼栋的具体搭设情况见表 7-3。

表 7-3　各楼脚手架情况

序号	栋号	脚手架形式	使用部位	悬挑架起挑层	悬挑架体高度
1	6、7、8 号楼	拉杆式悬挑脚手架	3F～18F	3F、9F、15F	17.4～19.8m
2	9 号楼	拉杆式悬挑脚手架	3F～26F	3F、9F、15F、21F	17.4～19.8m

二、工艺对比

传统悬挑脚手架使用的是钢丝绳拉索，拉杆式壁挂悬挑脚手架使用的是可调节拉杆代，后者改变了悬挑工字钢的受力方式。传统悬挑脚手架的主要受力构件是工字钢和预埋的 U 形环，钢丝绳不参与受力，因此，为了保证工字钢的稳定性，在建筑物内工字钢的卡固长度至少为悬挑长度的 1.25 倍。所以，采用传统悬挑脚手架时，建筑物内工字钢分布密集，对钢材需求量大，不仅不美观，还不易清扫打理，外墙砌体结构作业也不方便；如果遇到了剪力墙或建筑物阳角，还需要穿过剪力墙或柱子，势必会对墙体结构安全和防水性造成影响，并且，完成施工后还需要用氧割把预埋的 U 形环割断，增加施工成本和施工周期。拉杆式壁挂悬挑脚手架的主要受力方式为硬质拉杆及穿墙螺杆承受拉力，工字钢的一端使用高强度螺杆螺栓通过建筑物边梁内预埋的套管链接在建筑物上，另一端通过耳板和硬质拉杆与上一层的边梁拉结，这种受力方式，有效地缩短了工字钢的长度，且使得工字钢不再置于楼板之上，极大地方便了后续各项工作的进行，同时也更加美观大方。

三、脚手架设计

（一）脚手架选材

根据工程外截面的不同情况，本工程采用三种悬挑形式，悬挑脚手架钢挑梁采用 18 号工字钢，组成底部支撑。根据不同部位用途分为三种类型：普通型，长度为 1.3 m，用于无障碍处工程临边；转角加长型，长度有 1.40 m、1.50 m、1.6 m、1.8 m、2.0 m 五种，用于转角、间距过大的部位、飘窗部位；超长型，长度为 2.10 m、2.20～2.6 m，用于特殊部位。上拉杆和下拉杆均采用 φ18 圆钢车丝，中间采用 φ32 无缝钢管制成的花蓝调节管，用于调节拉杆。产品结构图如图 7-6～图 7-10 所示。

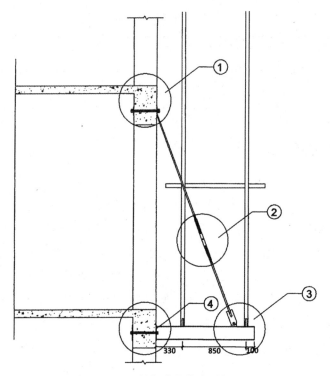

图 7-6 拉杆式悬挑脚手架

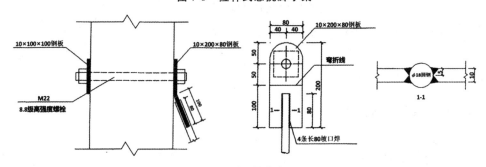

图 7-7 1 号节点

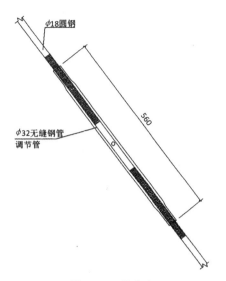

图 7-8 2 号节点

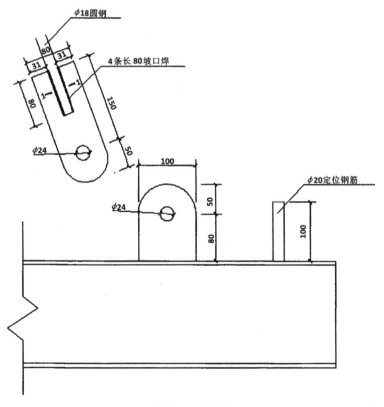

图 7-9 3 号节点

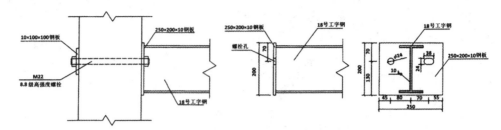

图 7-10　4 号节点

（二）脚手架设计及构造

根据悬挑架排布图和验算结果，确定在悬挑梁根部和部分梁钢筋实施局部加强。由于外架的均布施工荷载为 3 kPa，所以在设置完悬挑工字钢和拉杆后需进行载荷试验，测试拉杆承载力是否达到 3 t 以上。

1. 预埋构件

在浇筑悬挑层楼层混凝土之前，根据平面布置图在对应位置的梁或墙中预埋 φ 25 镀锌钢管作为穿墙螺栓套管，采用焊接或短钢筋绑扎固定。

2. 悬挑梁

悬挑梁选用 18 号工字钢，工字钢在加工场内与钢板焊接，钢板规格为 10 mm×250 mm×200 mm。其中，翼缘和腹板处要做满焊，焊缝高度 10 mm。在施工前，作业人员应按照《钢结构工程施工质量验收规范》的要求，用超声波对焊缝进行探伤检测，检测合格后方可施工。工字钢端头距内 25 cm 处焊接 10 mm×100 mm×130 mm 钢板作为连接拉杆的耳板。工字钢连接钢板通过 2 个 8.8 级 M22 型高强度螺栓与主体结构边梁连接。

3. 拉杆

拉杆由 2 根 φ 18 圆钢及两端耳板、φ 32 无缝钢管调节管组成。圆钢一端车丝，另一端焊接 10 mm×200 mm×80 mm 钢板，正反 4 条焊缝长度均为 80 mm。两根圆钢端头车丝部位通过 φ 32 无缝钢管调节管连接，通过旋转调节管即可调节拉杆拉力。拉杆上部耳板通过 1 个 8.8 级 M22 型高强度螺栓与上层边梁连接，拉杆下部耳板与悬挑梁端头耳板连接。

4. 建筑物阳台处悬挑工字钢附着处理措施

为了确保悬挑架在阳台处的安全性，本项目将外搭挑架荷载一并算到阳台的设计荷载中，阳台的钢筋用量有所增加，可以保证拉杆壁挂悬挑架的安全。

四、施工工艺

(一)施工工艺流程

悬挑工字钢加工→螺栓套筒预埋、固定→悬挑层主体结构混凝土浇筑、养护→悬挑梁工字钢安装→拉杆螺栓套筒预埋、固定→悬挑层上层混凝土浇筑→拉杆连接→脚手架安装→脚手架拆除。

1. 加工悬挑工字钢

根据设计图纸和施工现场的情况绘制型钢布置图，设计工字钢。一般部位可采用1.3 m长18号工字钢，飘窗位置可采用1.7 m长工字钢(图7-11)。工字钢的加工可在工厂中进行，工字钢运到施工现场后需对焊缝做超声波探伤检测，全部检测合格后方可施工。

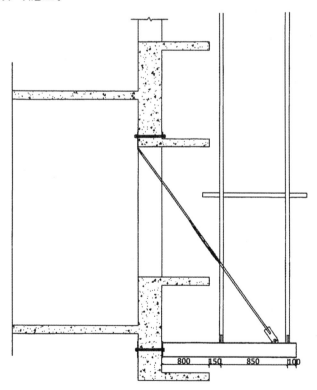

图7-11 飘窗部位悬挑脚手架

2. 预埋并固定螺栓套筒

螺栓套筒铁管规格为 $\varphi 25$，根据剪力墙的梁厚和柱厚确定预埋铁管长度。控制螺栓套筒中心线距板底 120 mm 左右，所有预埋铁管尽可能处于同一水平位置。螺栓套筒采取焊接定位筋的方式固定，避免浇捣混凝土时出现位移。

3. 悬挑层主体结构混凝土浇筑与养护

在浇筑主体结构混凝土的时候，需要有专人看护螺栓套筒位置，避免浇筑使套筒位置偏移。在振捣的时候，振动棒应尽可能避开套筒的位置。完成混凝土浇筑后，应洒水养护，养护时间至少为 7 天，保证混凝土强度。

4. 安装悬挑梁工字钢

混凝土浇筑完成一天后，方可在该部位安装型钢梁，型钢梁和建筑结构边梁采用 2 根 8.8 级 M22 型高强度螺栓连接。安装首层时，因为上部结构还没有完成，所以不能设置硬质拉杆，此时可以采用悬挑层下部脚手架做临时支撑平台，暂时由下部脚手架荷载，直到上一层结构混凝土浇筑完成达到设计强度 75% 后方可安装硬质拉杆。

5. 预埋、固定拉杆螺栓套筒

预埋拉杆螺栓套筒铁管规格为 $\varphi 25$，根据剪力墙的梁厚和柱厚确定预埋铁管长度。控制螺栓套筒中心线距板底 120 mm 左右，尽可能保持所有预埋铁管处于同一水平面上。

6. 浇筑悬挑层上层混凝土

浇筑上层主体结构混凝土，确保预埋套筒不偏位。

7. 连接拉杆

待上一层结构混凝土浇筑完成达到设计强度 75% 后安装花篮拉杆。在安装拉杆的时候，可通过调节管连接上下两根拉杆，可通过旋转中间的调节孔控制调节管的拉力。组装完成，采用高强度螺栓将拉杆上部与上层结构连接，再将拉杆下部与工字钢端头的耳板连接。安装完所有拉杆后，应调节中部的调节管，确保所有的拉杆拉力一致，如此才能使工字钢受力均匀。

8. 安装和拆除脚手架

当悬挑工字钢达到使用条件后，在支撑架上搭设双排钢管脚手架。纵距 1.5 m，步距 1.8 m，横距 0.85 m，内立杆距建筑物 0.35 m。在搭设脚手架前，应编制专项施工方案，并做好安全技术交底。需要注意的是，无论是安装还是拆卸脚手架，都应由持证上岗的专业架子工作业。

（二）验收悬挑脚手架

验收悬挑脚手架有两种，分别是进场验收和安装之后的验收。材料运进施工现场时，监理工程师需对高强度螺栓、拉杆、工字钢、钢板的品种、规格、螺帽和焊缝质量做详细检查。高强度螺栓、拉杆、工字钢、钢板、螺帽主要检查产品质量，以及质量合格证明文件、中文标志和检验报告。高强度螺栓的抽检数量为总量的 5%，8.8 级 M22 型高强度螺栓预拉力标准值至少为 150 kN。焊缝质量按照 II 级焊缝，探伤比例至少为 20%。

安装完悬挑工字钢及拉杆后，项目经理应召集总监理工程师项目技术、制作单位负责人、安全负责人、质量负责人，对高强度螺栓、工字钢的水平、调节管的紧固程度、钢垫板、螺帽以及拉杆的数量和偏差等进行检查验收。上部的钢管脚手架按照传统的外脚手架进行验收。

五、工艺优点

(1)拉杆式壁挂悬挑脚手架相比传统悬挑脚手架而言，工字钢的长度只有一半左右，用钢量更少，实现资源节约。

(2)因为拉杆式壁挂悬挑脚手架悬挂在边梁上，不会占用楼板空间，对施工场地的占用更少，能够节约场地空间，不会对砌体结构施工造成影响，也方便清扫楼层。

(3)拉杆式壁挂悬挑脚手架只需要在边梁中预埋套管，不需要在楼板处预埋 U 形环，在拆除工字钢后也不需要切割 U 形环，只需要用砂浆填埋预留套管即可。

(4)拉杆式壁挂悬挑脚手架不需要穿剪力墙，也不需要填补穿墙孔洞，最大程度地降低对防水结构的影响。

第五节　梁侧预埋悬挑架的设计与应用

一、工程概况

(一)工程概述

本节举例工程为大型住宅小区，建筑面积为 88 106.64 m²。结构形式为钢筋混凝土框架剪力墙结构。A1 栋，地下一层，地上 34 层，总高度为 99.85 m；A2

栋地上 18 层，总高度为 53.68 m；A3、A4 栋地上 16 层，总高度为 47.88 m。A5、A6 栋地上 18 层，总高度为 53.68 m。A7 栋地上 34 层，总高度为 99.45 m。A8 栋地上 33 层，总高度为 96.54 m(表 7-4)。

表 7-4　建筑技术经济指标

楼号	层数	层高/m	建筑高度/m	建筑面积/m³	±0.000 对应的绝对标高/m
A1 栋	34	2.9	99.85	15 799.46	64.95
A2 栋	18	2.9	53.68	5 080.32	64.95
A3、A4 栋	16	2.9	47.88	9 035.04	64.95
A5、A6 栋	18	2.9	53.68	10 181.67	64.95
A7 栋	34	2.9	99.45	15 866.35	65.4
A8 栋	33	2.9	96.54	15 361.81	64.95
地下室	−1 层	5.2	—	16 781.99	63.3

(二)脚手架设置

根据设计图纸、施工质量、施工组织和工期要求，A1、A7、A8 栋采取双排落地架＋梁侧预埋悬挑脚手架；A2、A3、A4、A5、A6 栋采取双排落地架＋普通预埋悬挑架＋部分梁侧预埋悬挑脚手架(即电梯井、楼梯间位置)。根据主体结构工程的高度及结构特点，本工程脚手架设置见表 7-5。

表 7-5　脚手架设置要求

栋号(层数)	架体覆盖层数及搭设高度					
	落地架	第一挑	第二挑	第三挑	第四挑	第五挑
A1 栋(34)	6 层以下(15.15m 以下)	6~12 层(15.1~532.55m)	12~18 层(32.55~49.95m)	18~24 层(49.95~67.35m)	24~30 层(67.35~84.75m)	30~屋面(84.75~99.3m)
A2 栋(18)	2 层以下(3.55m 以下)	2~8 层(3.55~20.95m)	8~14 层(20.95~38.35m)	14~屋面(38.35~52.9m)		

栋号 （层数）	架体覆盖层数及搭设高度					
	落地架	第一挑	第二挑	第三挑	第四挑	第五挑
A3、A4 栋 （16）	7 层以下 （18.05m 以下）	11～13 层 （18.05～ 35.45m）	13～屋面 （35.45～ 47.1m）			
A5、A6 栋 （18）	7 层以下 （18.05m 以下）	11～13 层 （18.05～ 35.45m）	13～屋面 （35.45 52.9m）			
A7 栋 （34）	6 层以下 （14.45m 以下）	6～12 层 （14.45～ 31.85m）	12～18 层 （31.85～ 49.25m）	18～24 层 （49.25～ 66.65m）	24～30 层 （66.65～ 84.05m）	30～屋面 （84.05～ 98.6m）
A8 栋 （33）	5 层以下 （11.55m 以下）	5～11 层 （11.55～ 28.95m）	11～17 层 （28.95～ 46.35m）	17～23 层 （46.35～ 60.85m）	23～29 层 （60.85～ 81.15m）	29～屋面 （81.15～ 95.7m）

二、悬挑脚手架搭设工艺技术

（一）技术参数（表 7-6）

表 7-6　型钢悬挑脚手架（扣件式）

脚手架排数	双排脚手架	纵、横向水平杆 布置方式	横向水平杆在上
搭设高度/m	17.4	钢管类型	φ 48×3.0
立杆纵距/m	.5	立杆横距/m	0.83
布局/m	1.8	防护栏杆/m	0.6
挡脚板	6 步 1 设	脚手板	3 步 1 设
横向斜撑（架体内之字撑）	6 跨 1 设	剪刀撑	连续设置
连墙件连接方式	多用途预埋螺栓	连墙件布置方式	水平三跨，垂直每层设置
基本风压/kN·m²	0.25	地区	湖南长沙
主梁建筑物外悬挑长度 / mm	1230～2130	锚固点设置方式	2 根 M20 高强螺栓

脚手架排数	双排脚手架	纵、横向水平杆布置方式	横向水平杆在上
主梁锚固点	结构墙、梁外侧	主梁材料规格	16 号工字钢
梁/楼板混凝土强度等级	≥C20	上拉杆	φ 20 可调节拉杆

(二)工艺流程

预埋连接套管→安装悬挑主梁→纵向扫地杆→立杆→横向扫地杆→横向水平杆→纵向水平杆(格栅)→剪刀撑－上斜拉杆→连墙件→铺脚手板→绑扎防护栏杆→绑扎安全网。

(三)脚手架施工方法

1. 材料要求

(1)脚手架钢管应采用现行国家标准《直缝电焊钢管》或《低压流体输送用焊接钢管》中规定的 Q235 普通钢管,钢管的钢材质量应符合现行国家规定的 Q235 级钢的标准。每根钢管的最大质量控制在 25.8 kg 以内。钢管表面不能有裂缝、压痕、毛刺、深的划道、结疤、错位、硬弯和分层,要平直光滑;钢管要有质量检验报告和产品质量合格证,检验钢管材质的方法应按照《金属材料室温拉伸试验方法》的有关规定执行,钢管的质量、壁厚、外径和端面等处偏差应符合《建筑施工扣件式钢管脚手架安全技术规范》的有关规定;钢管表面应涂有防锈漆。旧钢管表面的锈蚀深度、弯曲变形程度等应符合《建筑施工扣件式钢管脚手架安全技术规范》的有关规定。每年应对钢管锈蚀进行一次检查,检查应在锈蚀较为严重的钢管中抽取 3 根,在锈蚀严重的部位做横向截断取样,如果锈蚀深度超过规定值则不能继续使用;禁止在钢管上打孔。

(2)扣件为铸钢或可锻铸铁制成,扣件的质量、性能等应符合《钢管脚手架扣件》的要求。如果是使用其他材料制成扣件,需要对其进行验证,符合质量标准才能批准使用。扣件应有产品合格证、生产许可证和法定检测单位的测试报告。扣件在运进施工现场后需当场检查产品合格证,并做抽样检测。在使用扣件前,作业人员应逐个挑选,不得使用变形、有裂缝以及螺栓有滑丝的扣件。扣件在螺栓拧紧扭力矩达 65 N·m 时不能出现损坏。无论是新扣件还是旧扣件都需做防锈处理。在搭设架子前,应对扣件进行除锈等保养工作,之后统一涂色,使扣减更加美观。

（3）竹脚手板采用由毛竹或楠竹制作的竹串片板；竹串片厚度不得低于 50 mm，脚手板如果出现不枯脆、虫蛀、松散等问题则不能使用。

（4）安全网采用密目式安全立网，应符合下列要求：网目密度高于 2 000 目/100 cm²；网体各边缘部位的开眼环扣牢固可靠，孔径大于 1 mm；网体缝线牢固、均匀，不能出现跳针、露缝等问题；一张网体上最多只能有一个接缝，且接缝部位牢固端正；安全网上不能有破洞、断纱、变形等编织缺陷；阻燃安全网的阻燃时间和续燃时间不能超过 4s。安全网应有质量合格证、生产许可证以及相关部门发放的准用证；安全网在使用前应做耐贯穿试验 1.6 m×1.8 m 的单张网质量在 3 kg 以上；安全网的颜色应满足环境要求。

（5）连墙件材料采用钢管制作，其材质应符合《碳素钢结构》中对 Q235 级钢的规定。连接螺栓材质应符合《六角头螺栓全螺纹》中 8.8 级的规定，应具有质量检验报告和产品质量合格证。

（6）悬挑梁采用工字钢制作，焊缝等级为 III 级，每个接触点都必须是满焊，焊脚高度至少为 6 mm，不能存在气孔和夹渣，注意检查是否有漏焊。

（7）采用 M20 高强锚固螺栓固定悬挑梁，螺栓应具有质量检验报告和产品质量合格证，到场后应对螺栓做抽样复试。

2. 搭设脚手架的方法

1）定位和安装悬挑梁

根据施工平面图找到定距图（图 7-12），水平悬挑梁的纵向间距应与上部脚手架立杆的纵向间距相同，根据定距图进行连接套管预埋，采用螺栓将套管紧固在外模板上，避免混凝土浇筑过程中出现位移。拆除外模后，待混凝土强度达到 10 Mpa 时方可安装悬挑梁。如果混凝土强度没有达到要求就需要进行安装，则可将悬挑梁放在底层架子上，确保悬挑梁安装过程中不会对结构构件造成损伤（图 7-13）。安装时螺栓拧紧扭力矩须达 117 N·m。

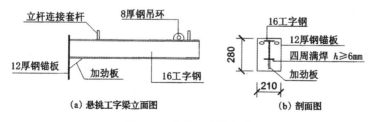

图 7-12　悬挑工字梁大样

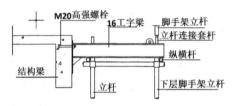

图 7-13　结构梁未达强度时，安装、脚手架立杆与挑架连接

本项目工程采用在挑梁上安装 $100\sim150$ mm、外径 $\varphi 25$ mm 的钢管，立杆套在外侧(图 7-14)，使上部脚手架立杆与挑梁支承结构有可靠的定位连接措施，确保上部架体的稳定。

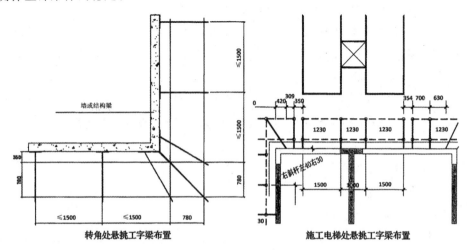

转角处悬挑工字梁布置　　　　　施工电梯处悬挑工字梁布置

图 7-14　悬挑工字梁布置

因为施工电梯部位和脚手架使用时间不同，施工电梯架体与两端架体断开设置，架体间距 350 mm，架体下设间距 350 mm 宽的双排钢挑梁。

2)可调节斜拉杆卸荷

(1)梁内和墙内的受拉锚环在混凝土强度达到设计强度的 75% 以上时才能受力使用。吊环和拉钩均采用圆钢制作。

(2)主体结构施工三层(本层悬挑架上)，必须安装好斜拉杆，斜拉杆通过可调节法兰拉紧，拧紧扭力矩 30 N·m(图 7-15)。没有装斜拉杆之前不可在架子上作业、堆放材料。

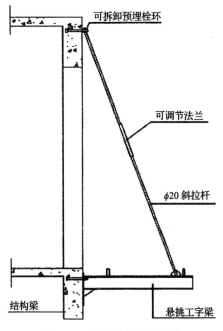

图 7-15 可调节斜拉杆构造

3) 工字钢安装

如过局部使用的是长度超过 1 750 mm 的超长工字钢，必须先装好下支撑再安装工字钢，下支撑调节应使工字钢悬挑端向上 15～20 mm。

4) 设置立杆

(1) 采用对接接头连接立杆，采用直角扣件将立杆连接到纵向水平杆上。接头位置交错布置，两个相邻立杆接头处不可出现在同步同跨内，注意在高度方向至少错开 50 cm 的距离；各接头中心到主节点的长度要控制在步距的 1/3 以内。

(2) 上部单立杆和下部双立杆的交接处，采用单立杆与双立杆之中的一根对接连接。采用旋转扣件将主立杆和副立杆连接起来，扣件数量至少为 2 个。纵向扫地杆应采用直角扣件固定在距底座上皮 200 mm 以内的立杆上。横向扫地杆也必须采用直角扣件固定在紧靠纵向扫地杆下方立杆上。

(3) 立杆的垂直偏差应控制在架高的 1/400 以内。

(4) 在搭设立杆的时候，每隔 6 跨必须设置一根抛撑，直到连墙件安装完成后，才可以根据实际情况情况进行拆除。

(5) 立杆及纵横向水平杆构造要求如图 7-16 所示。

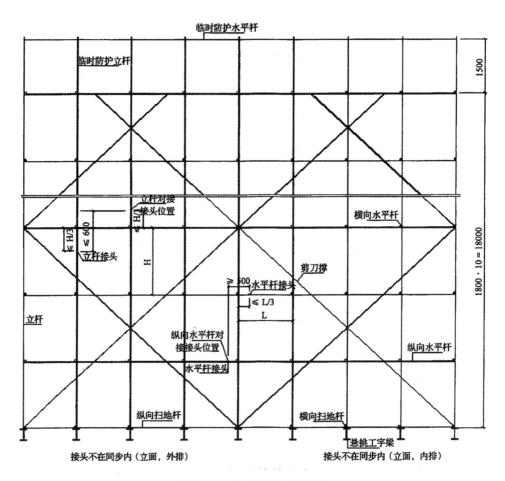

图 7-16 立杆对接接头布置

5)纵向水平杆和横向水平杆

(1)纵向水平杆在立杆内侧,长度至少为 3 跨。纵向水平杆采用对接扣件连接,对接的时候,对接扣件采用交错布置的方式,相邻两根纵向水平杆的接头不能设置在同步或同跨。不同步或不同跨两个相邻的接头在水平方向错开,中间距离至少为 500 mm。每个接头的中心到最近主节点的距离要控制在纵距的 1/3以内。

(2)立杆和纵向水平杆交点处应设横向水平杆,横向水平杆的两端固定在立杆上,如此才能形成空间结构整体受力(图 7-17)。

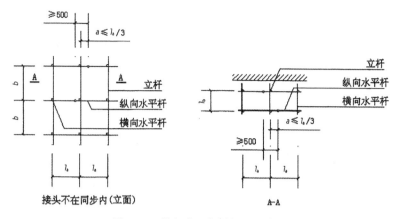

图 7-17　纵向水平杆对接接头布置

6）剪刀撑和横向斜撑设置

（1）脚手架外侧立面整个长度和高度上连续设置剪刀撑。

（2）剪刀撑的宽度应结合现场实际长度取 4～5 跨，且至少为 6 m，斜杆和地面的倾角控制在 45°～60°之间。

（3）剪刀撑斜杆的接长应采用对接或搭接的方式。如果采用的是搭接，搭接的长度至少为 1 m，旋转扣件固定至少 2 个，端部扣件盖板的边缘到杆端的距离至少为 100 mm（图 7-18）。

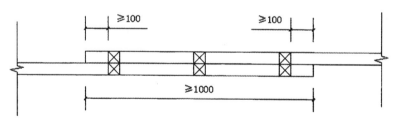

图 7-18　剪刀撑（立杆）搭接构造

（4）采用旋转扣件将剪刀撑斜杆固定在与之相交的横向水平杆的伸出端或立杆上，旋转扣件中心线离主节点的距离应控制在 150 mm 以内。

（5）在施工电梯处开口架两端都应设置横向斜撑。为了保证架体的稳定性，架体拐角的位置和中间每隔 6 跨应设置一道横向斜撑，横向斜杆在同一节间，从底到顶呈之字形连续布置，采用旋转扣件将其固定在与之相交的横向水平杆的伸出端上，旋转扣件中心到主节点的距离应控制在 150 mm 以内。

7）脚手板和脚手片的铺设要求

（1）脚手架内排立杆与结构层之间都需要铺设脚手板，内立杆和外立杆之间应满铺脚手板和无探头板。脚手板两端应牢固地固定在水平杆上，避免倾翻。

（2）满铺层脚手片应与垂直墙面进行横向铺设，脚手片必须满铺到位，不留空隙。无法做满铺的地方必须采取相应防护措施。

（3）脚手片应采用 12～14 号铅丝双股绑扎，绑扎处至少为 4 处，绑扎要牢固可靠，交接处整齐平整，铺设的时候要选用质量完好的脚手片，如发现脚手片存在破损应及时更换。

（4）在拐角和斜道平台口处铺设脚手板时，应将脚手与横向水平杆连接牢固可靠，避免脚手滑动。脚手板对接搭接如图 7-19 所示。

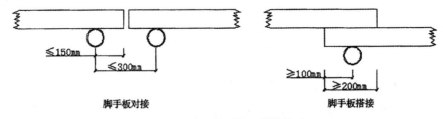

脚手板对接   脚手板搭接

图 7-19　脚手板对接、搭接构造

8）防护栏杆

脚手架外侧采用绿色密目式安全网封闭，安全网应采用 18 号铅丝严密、平整地固定在脚手架外立杆的内侧。脚手架外侧施工作业时，在 0.6 m 和 1.2 m 高处必须设置 2 道防护栏杆，因为现在砌筑工程基本都在室内进行，所以只需在悬挑层设置挡脚板，栏杆和挡脚板都设置在外立杆的内侧。

9）连墙件

（1）脚手架和建筑物按计算书中连墙件布置要求设置拉结点，在水平方向上，每隔三跨都应设置一道拉结点，沿垂直方向每层都应设置，在转角和顶部处的拉结点应加密。

（2）连墙件中的连墙杆应呈水平设置，如果无法做水平设置，应向脚手架一端下斜连接。

（3）连墙件从底层第一步纵向水平杆处开始设置，如果无法在该处设置或设置难度大时，可采用其他可靠措施进行固定。

（4）拉结点必须牢固可靠，避免移动变形，尽可能设置在外架纵横向水平杆接点处。宜靠近主节点设置，偏离主节点的距离不应大于 300 mm。

（5）外墙装饰阶段拉结点也须满足上述要求，如因施工需要除去原拉结点时，必须重新补设可靠、有效的临时拉结点，以确保外架安全可靠。

（6）施工电梯处开口形脚手架的两端必须设置连墙件，垂直间距为每层设置。

(7)连墙件构造示意图如图 7-20 所示。

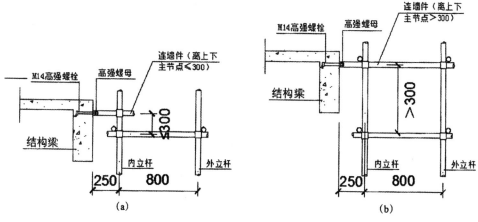

图 7-20 连墙杆构造

10)架体内封闭

(1)脚手架的架体内立杆距墙体净距为 300 mm，至少为 200 mm，内立杆与墙体间必须铺设站人板，站人板设置平整牢固。

(2)脚手架施工层内立杆与建筑物之间应采用脚手片或木板进行封闭。

(3)施工层以下脚手架每隔 3 步底部用双层网兜进行封闭。

(4)作业层下，需在每层楼板位置的外架上铺一层钢板网作楼层的临边防护。

第六节 高压线低净空下深基坑支护设计与施工

一、工程概况

(一)工程建设概况

某市计划对本市的污水处理厂进行改造，该污水处理厂位于自流井区，计划改造后，污水处理厂每天能处理城市污水 10 万 t。改造计划在高压线下新建一批建筑设施，包括：高效沉淀池 55 m×28.02 m，最大埋深 6.34 m，结构最高处为+1.8 m，建成后最高点距离 35 kV 高压线高度约 6.2 m；反硝化生物滤池 54.6 m×17.24 m，最大埋深 9.12 m，结构最高处为+0.89 m，建成后构筑物最高点距离 35 kV 高压线高度约 7.11 m；紫外消毒渠、计量渠和尾水泵房，最大埋深 8.82 m，结构最高处为＋3.13 m，位于高压线影响区域外。新建建筑物平面布置图如图 7-21 所示。

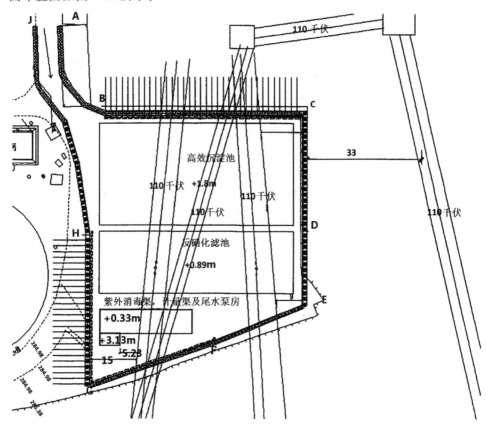

图 7-21　新建建筑物平面布置

（二）地质情况

1. 水文地质

项目场地范围内没有明显地表水，区域内地表水主要分布在项目场地东南方。河水场地平均标高与河水面高差为 7.0 m，河水对厂区无明显影响。勘察期间测量地下水的埋深最高 3.1 m，最低 8.7 m，其高程分布区间为 276.25～282.75 m，与相似地区水位观测对比推测，项目场地区域地下水常年水位变化幅度不超过 2 m。

2. 岩土地质

从对现场钻探揭露和调查情况来看，项目场区内主要地层为第四系全新统人工填土层（Q_4^{ml}）、第四系全新统残坡积层（Q_4^{el+dl}）和侏罗系系中统上沙溪庙组（J_{2s}）基岩。具体岩土土层及其物理力学指标见表 7-7。

表 7-7　岩土图层及物理力学指标

序号	土层	状态	土层厚度（m）	重度（kN/m³）	基底摩擦系数 μ	压缩模量（MPa）	粘聚力 c（kPa）	内摩擦角 φ（°）	承载力特征值 q_{sik}（kPa）
①	人工填土	/	7	19.0	/	/	12	8	80
②	粉质黏土	可塑	1.5	19.6	0.20	7	16	10	120
③	粉质黏土	软塑	5.8	19.0	0.15	3	8	7	80
④	砂质泥岩	强风化	1.5	23.0	0.30	18	40	20	300
⑥	砂质泥岩	中风化	4	24.0	0.35	/	80	30	800

（三）周边环境

（）基坑西北侧和东北侧：距离构筑物底板外 2 m 为现有围墙，围墙外是旱地。

（2）基坑西南侧：距离构筑物底板外 13 m 为现有二沉池。二沉池与基坑之间存在现有污水主管、雨水管线和自来水管线，因此，施工支护桩时要先对现有管线做迁改，然后再施工。

（3）基坑东南侧：邻近原有临河衡重式混凝土挡墙，距离构筑物底板 0～6 m。

本基坑支护设计的超载限值 15 kPa，基坑边缘 10 m 范围内严禁堆放重物或重型机械碾压。

二、基坑支护方案设计

（一）高压线概况

项目构筑物上方有三组高压线平行穿过，一组为 35 kV 代沿线，最低处距现有地面 8 m；一组为 110 kV 舒代南线，最低处距现有地面 13 m；一组为 110 kV

代汇线,最低处距现有地面 13 m。三组高压线基本影响覆盖整个施工区域。并且,在基坑西北侧距离基坑边 16 m 处有一座 110 kV 舒代南线高压线塔。

根据建筑施工规范可知,35 kV 高压线垂直方向安全距离为 3.5 m,水平安全距离为 4 m;110 kV 高压线垂直方向安全距离为 4 m,水平安全距离为 5 m,考虑到刮风会使高压线摇摆晃动,应酌情增加高压线的安全距离,建议将水平安全距离设置为 6 m。

受高压线影响,深基坑内施工无法使用塔吊和大型机械设备,施工所需设备和材料搬运、大型施工等都需采取其他方式,施工效率大大降低,施工成本增高,工期增长。

(二)基坑支护方案设计

基坑支护结构安全等级为二级,基坑使用年限为 1 年。场地北侧及东北侧(图 7-21 中的 B−C 段)由于场地空间有限,无法采取全放坡的方式;并且,因为场地北侧上空有 35 kV 高压线,施工设备受限,所以采用高压旋喷桩内插 H 型钢进行支护。场地东北及场地南西侧(图 7-21 中的 C−D、H−I、D−E、G−H 段)采用旋挖桩进行支护,场地东南临河一侧(图 7-21 中的 E−F−G 段)采取降高 5.12 m 后进行高压旋喷桩内插 H 型钢支护施工。

A−B 段和 I−J 段:为施工便道渐变段,两侧高度不大,挖深不超过 4 m,采用网喷支护,边墙按 1:0.6 的比例开挖放坡后,实施挂钢筋网和喷射混凝土。在支护强度达到设计强度的 70% 后开挖下一层土层。

B−C 段:开挖深度 6.34m,采用高压旋喷桩内插 H 型钢支护+预应力锚索。该段基坑上部采用 1:1 放坡,放坡高 1.2m,下部采用三排高压旋挖桩内插 HM 488 mm×300 mm×11 mm×18 mm 型钢进行支护,型钢间距 0.80 m;高压旋喷桩直径 0.6 m,桩间距 0.4m,桩长 12.04 m,嵌固段 6.90 m,桩顶设 0.9 m 宽圈梁;外设两道锚索,锚索采用 2 排 4φ 15.24 mm 高强度、低松弛钢绞线制作而成,钢绞线强度为 1 720 MPa,总长分别为 20.50 m、19.00 m,锚固段长均为 12.5 m。

C−D、H−I,D−E,G−H 段:开挖深度约为 6.34 m、6.92 m、9.12 m,采取排桩支护,桩长分别为 19.94 m、21.92 m、18.62 m,旋挖施工,桩距 1.6 m,桩 1.00 m,旋挖嵌固段分别 13.6 m、15.00 m、9.50 m,桩顶设一道 1.2 m×0.8 m 冠梁,旋挖桩护壁桩桩身及桩顶冠梁混凝土强度 C30;考虑施工期间地下水位变化，在坑外设置 3 排高压旋喷桩作为止水帷幕，高压旋喷桩直径 0.6 m，桩间距 0.4 m，桩长 9.0 m、9.0 m、12.0 m。其中，G－H 段外设一道锚索，锚索采用 4φ 15.24 mm 高强度、低松弛钢绞线制作而成，钢绞线强度为 1 720 MPa，总长为 25.50 m，锚固段长度为 16.00 m。

E－F－G 段：该段由于处于临河段，且有临河挡墙，为防止基坑开挖时挡墙内倾，将挡墙凿除降高 5.12 m 至高程 278.98 m。现状河水位低于场坪标高约 7.0 m，该段开挖至基坑底板高程后，基坑底板高程 275.98 m 低于河床水位约 1.6 m。因此，为防止河水倒灌并同时起到基坑支护作用，该段降高后采用双排高压旋喷桩内插 HM 488 mm×300 mm×11 mm×18 mm 型钢进行支护，型钢间距为 0.80 m。桩顶设冠梁，坑底设置排水沟。

H－K－L 段：基坑开挖深度为 9.12 m，与另外 2 个基坑开挖平台形成的临时坡，坡高为 2.2～2.7 8m，采用网喷支护，按 1∶0.6 进行开挖放坡后，进行挂钢筋网、喷射混凝土施工。

三、高压线下低净空施工加强技术措施

（一）旋挖成孔灌注桩施工

（1）旋挖成孔灌注桩均位于高压线两侧，特别是 C－D－E 段旋挖桩距离 110 kV 高压线最近水平距离为 9 m，G－H－I 段旋挖桩距离 35 kV 高压线最近水平距离为 15 m，故在施工时保持与高压线一定的安全距离。在地面将高压线影响区域划分出来，距离高压线投影水平距离 6 m 范围设置 1.2 m 高钢管围栏，严禁旋挖桩机在工作状态下进入、行走。其中，钢管围栏长度约 149 m，此段旋挖桩工作时间约 10 d。

（2）钢筋笼（最大长度 22 m）吊装时，其吊车吊臂严禁进入高压线影响区域内；其中，C－D－E 段共计 34 根桩钢筋笼，在钢筋笼吊装时采用分段吊装、直螺纹套筒连接，每段长度 7.5 m，吊装高度 9 m，分段连接时间约为 45 min。

（3）C－D－E 段旋挖桩机工作高度为 20.9 m，工作时距离 110 kV 高压线最小水平距离为 9 m。在桩基施工时采取以下措施防止旋挖桩机工作时发生倾覆：①对于旋挖机工作行走的范围内，挖除软弱土、铺筑毛石，保证旋挖机施工场地平坦坚实；②施工过程中，设专人在挖孔过程中防护，实行一人一机看守，在发现旋挖机有倾倒的现象时马上停止钻孔施工，调整旋挖机位置，使其稳定；③在旋挖机行走时必须指定一个助手协调观察并向驾驶员发出信号；④禁止旋挖机在工作状态下进行行走，行走时必须将桅杆收回，且收放桅杆时需注意升降方向；⑤在行走前，确定地面承载力，根据需要选择路线或进行加强，在行走时，将上部车身调整到与履带平行；⑥在遇大风、雷雨天气，严禁进行旋挖桩作业。

（二）高压线下高压旋喷桩内插 H 型钢施工

（1）由于高压旋喷桩机高度有限（最大高度约为 2.5 m），可用于高压线下正常施工。

（2）H 型钢分段进行插入，使用打桩机进行吊装施打，吊装高度不能超过 4 m，保持与高压线不小于 4 m 的安全距离，且打桩机进行吊装施打时必须有可靠的接地措施。H 型钢分段长度分别为 2 m、3 m，采用焊接接长，每次接桩焊接时间约 35 min。具体施工情况见表 7-8、如图 7-22 所示。

表 7-8　高压旋喷桩内插 H 型钢施工做法

桩长	高压线影响区域内使用型钢型号	高压线影响区域外使用型钢型号	正常施工使用型钢型号	高压线影响区域总长度	总桩数	因高压线影响增加型钢焊接焊缝数
12m	3 根 2 m，2 根 3 m	1 根 7 m，1 根 5 m	1 根 12 m	40 m	72 根	255 道

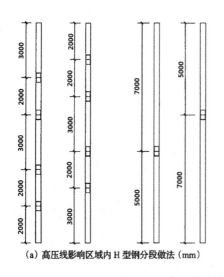

（a）高压线影响区域内 H 型钢分段做法（mm）

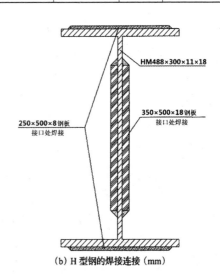

（b）H 型钢的焊接连接（mm）

图 7-22　高压旋喷桩内插 H 型钢施工方法

（三）土方开挖

因受高压线限制，高压线影响区域以内区域土方开挖和外运不得将渣车开至高压线影响区域以内区域，应采用多台挖掘机、铲车等机械在保证满足安全距离的基础上，通过倒转接力转运的方式将土方倒转至高压线影响区域以外，再在基坑边缘进行装车外运，避免安全风险。共分为四个区域对基坑内土方进行接力转运，其中内转次数为 1～4 次。其中一区土方约为 2 623.9 m³，内转四次；二区土方约为 4 666 m³，内转三次；三区土方约为 4 904.7 m³，内转两次；四区土方约为 3 997.6 m³，内转一次。

四、施工监测

（一）全方位视频监控

在高压线施工区域，需在四个角落都设置视频监控点，围挡上每 50 m 设置一个视频监控点。视频监控软件可与手机绑定，便于监管人员随时掌握现场情况，及时发现并解决问题。

（二）限高红外预警系统

以路面标高为正负零，在基坑东南侧和西北侧 35 kV 高压线影响的区域下方设置 3.5 m 限高杆，限高杆的末端设置红外线报警器。限高杆间距为 4 m，立柱基础 2 m×2 m×1 m，可用 C20 混凝土浇筑，立柱体系可使用 48 mm 不锈钢管，并在在横杆上设置红外线报警器，形成红外报警监控网络。一旦有物体触碰到红外线能立即发出闪光并报警。

（三）基坑支护监测

本节中基坑支护工程的每个剖面基坑侧壁的安全等级均为二级，基坑侧壁重要性系数 $r_0=1.0$。施工阶段基坑支护结构的水平位移：控制值取为 50 mm，报警值 35 mm；竖向位移：控制值取为 25 mm，报警值取 17.5 mm；基坑周边地面沉降：控制值取为 50 mm，报警值取 35 mm。水平位移变化速率控制值为 3 mm/d，竖向位移变化速率控制为 3 mm/d，沉降变化速率控制为 2 mm/d。

第七节 轻钢龙骨石膏板吊顶 "投影施工"技术

轻钢龙骨石膏板吊顶是公共装修中的重要组成部分，吊顶的平整度、稳定性更是衡量装修水平的重要参数。精确的施工测量、放线贯穿在整个装饰的整个过程中，放线的精度直接影响着装饰质量。装修中轻钢龙骨石膏板吊顶施工采用平面投影法，进行公共空间高级装饰装修工程的施工放样、放线，在保证了吊顶龙骨稳定性的同时又可以确保工程一次成型。

一、装饰装修工程吊顶施工的现状

目前，公共空间装饰装修中的轻钢龙骨石膏板吊顶施工均是先按照施工规范直接安装轻钢龙骨骨架（主龙骨间距 900～1 000 mm，次龙骨间距 300～600 mm），再安装石膏板覆面，最后再进行灯具、消防、电气的开孔安装。这种施工方法在遇到灯具位置与龙骨位置产生冲突时，往往采取重新选址开孔，或者采取破坏龙骨的极端做法。如选择重新选址开孔，就破坏了原设计中灯具布局的美观性、对称性以及灯具间距的一致性；如采取破坏龙骨，就对以后的整个吊顶的稳定性产生影响。

二、轻钢龙骨石膏板吊顶"投影施工"技术的优势

轻钢龙骨石膏板吊顶"投影施工"施工技术，可以根据工程特点，前期的施工策划及各工种的相互配合是施工的重要组成部分，它要充分考虑后期的施工过程。根据施工工艺及设计图纸的要求，结合计算机 CAD 制图，对吊顶中的灯具、消防、电气、通风口等提前进行地面布置，绘制详细的布置图。通过地面放样，精确计算定位，将所有灯具、消防、电气、通风口、烟感、喷洒头等定位弹线于地面上，使吊顶成品效果在地面上一目了然，然后将灯具、消防、电气、通风口、烟感、喷洒头等位置利用投影原理投至建筑物顶部，最后再根据定位进行施工。这样满足美观对称要求的同时又能保证轻钢龙骨骨架的整体稳定性和避免重复返工，保证吊顶施工的一次成优。

三、轻钢龙骨石膏板吊顶"投影施工"技术施工要求

(一)工艺流程

绘制吊顶综合布置图→绘制地面控制线→绘制地面控制网→与各专业共同验收地面定位线→吊顶龙骨、面层安装→与各专业沟通确认→吊顶开孔施工。

(二)技术操作要点

1. 施工准备

(1)结合计算机校核设计图纸中各个布置点的具体位置及尺寸。

(2)组织各专业相关人员进行综合布置。

(3)对工程和施工用材按有关规范、规程进行检查验收。

(4)对使用的测距仪、水平仪等设备进行检查复验。

(5)选定合适的施工机具及配套设施。

(6)进行各工种的技术培训及安全教育。

(7)现场施工和管理人员充分了解、熟悉设计图纸、施工方法和操作要点,有事故预防措施和事故处理方案。

2. 绘制吊顶综合布置图

依据施工图纸、安装图纸、电气图纸、设计师要求、材料样品等,对原有图纸进行深化综合设计。经各工种共同协商,共同审核。再利用 AutoCAD 绘制详细的吊顶综合布置图。

吊顶综合布置图中包括灯具、消防、电气、通风口、烟感、喷洒头等所有顶部部分。确定准确的尺寸与位置,经监理与业主认可后进行下一步施工。

3. 绘制地面控制线

结合校核无误的吊顶综合布置图进行分区放线。为方便施工测量,提高布线效率,施工控制主线按走道、大厅、房间等大块区域进行分区域放线。在需要放线的房间地面上利用激光水平仪和弹线器弹出主要控制尺寸线。

4. 绘制地面控制网

利用绘制完成的控制主线,按照吊顶综合布置图进行吊顶局部的放线,形成完整的吊顶控制网(图 7-23)。

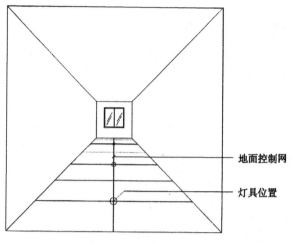

图 7-23　定位控制网

5. 与各专业验收地面定位线

各工种共同协商，共同验收，根据图纸再次核对地面的定位点是否符合设计要求。位置定位在放线过程中进行精确调整，确保所有吊顶安装物品位置的美观及精度。

6. 进行"投影"施工

按照"投影施工"工法，利用激光自动安平标线仪将地面确定好的定位点引测到房顶和墙面上，使房顶上有准确的十字控制线（图 7-24）。

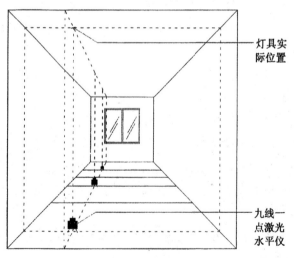

图 7-24　地面定位点投射到顶部定位

7. 进行顶部位置标识

在激光水平仪投射定位后，利用弹线器将吊顶中灯具的位置进行标识（图 7-25）。

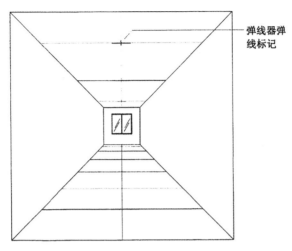

弹线器弹线标记

图 7-25 顶部灯具位置标识

8. 吊顶龙骨、面层安装

在顶部标识完所有灯具位置后，再进行轻钢龙骨吊筋的安装。在进行吊顶龙骨安装时，提前避开位于房间顶部的定位点，以便于后期石膏板饰面完成后直接开孔进行灯具安装。

9. 各专业沟通确认

由各工种共同协商，确定施工顺序及位置。

10. 吊顶开孔施工

经各专业确认无误并确定好施工顺序后，再由专业操作工人统一按照设计图纸尺寸进行吊顶的开孔安装施工。

11. 质量控制要点

（1）定位放线。定位放线由专业测量员、施工员与各工种施工员等有关人员一道进行，在施工场地不受影响的位置设置三个平面及高程控制点，经校对无误后，长期保护，作为基准点使用。以基准点为基础，依据设计图纸提供的吊顶平面布置图，使用红外线测距仪和激光水平仪进行地面定位，反复复核，使位置偏差控制在允许范围内。

建立测量放线复核制度，每次控制点、控制线施测后，须经技术负责人组织进行复核；细部放样定位由各施工员、各专业队人员负责，测量员进行复核。每次测量均需完整的、详细的记录，作为主要的施工技术资料进行归档保管。

（2）对施工用 9 线 1 点激光水平仪进行进场检验，确保激光射线误差控制在合理范围，并能正常工作。

（3）投射前用罗盘校准 9 线 1 点激光水平仪立轴并保持立轴垂直后，将立轴牢固定位，以确保投射垂直度。

（4）在确定顶部灯具过程中，及时与图纸进行核对，如实际投射位置与设计图纸不符时，应及时通知有关施工单位和施工工种，及时地调整方案，确保所有顶部定位准确无误。

（5）轻钢龙骨石膏板吊顶安装和安装质量控制：在顶板上投影出吊顶布局后，确定吊杆位置并与原预留吊杆焊接，如原吊筋位置不符或无预留吊筋时，采用 M8 膨胀螺栓在顶板上固定，吊杆采用 φ8 钢筋加工。根据顶部墨线标识安装吊顶大龙骨，基本定位后调节吊挂抄平下皮（注意起拱量）；再根据顶部造型来确定中、小龙骨位置，中、小龙骨必须和大龙骨底面贴紧，安装垂直吊挂时应用钳夹紧，防止松紧不一。龙骨接头要错开；吊杆的方向也要错开，避免主龙骨向一边倾斜。用吊杆上的螺栓上下调节，保证一定起拱度，视房间大小起拱 5～20 mm，房间短向 1/200，待水平度调好后再逐个拧紧螺帽，开孔位置需将大龙骨加固。施工过程中注意各工种之间配合，待顶棚内的风口、灯具、消防管线等施工完毕，并通过各种试验后方可安装面板。

12. 质量控制管理措施

（1）认真核对图纸、各工种做好图纸会审工作，对设计图纸以及工艺要求做到全面理解；做好放线前的各项施工准备工作，严格按施工程序施工。各专业单位、各工种相互配合，做到先策划、后施工。计算机绘图人员必须准确的绘制各吊顶元素的位置及尺寸。

（2）严格遵守国家施工规范和技术操作规程以及工程质量验评标准。

（3）成立单位工程项目经理部和操作班组长组成的检查小组，对放线定位工作进行定期或不定期检查工作。

（4）测量放线作业过程中严格执行自检（自身）、互检（各工种）、交接检（施工人员）的流程。

（5）现场使用的红外线测距仪、激光水平仪要严格进行管理、检校维护、保养并作好记录，发现问题后立即将仪器设备送检。

（6）定位放线以质检员和技术负责人验收复核后方可进入下道工序施工并及

时办理定位放线记录和定位放线复核记录。

（7）做好隐蔽工程的验收工作，在自评、自检、自验的基础上，提前 24 h 将"隐蔽工程验收通知单"送达现场监理工程师，验收合格后方可进入下道工序的施工。

（三）性能指标

1. 吊筋

采用 φ 10 全长通丝吊杆，吊筋材质符合规范要求，进行现场见证取样，并送检测机构检测。

2. 主龙骨

采用 50 mm×15 mm×1.2 mm（上人）主龙骨，主龙骨材质应为镀锌件，镀锌层厚度符合要求；龙骨表面无起泡、生锈现象；龙骨的力学性能符合国家范要求；龙骨的外观质量、形状、尺寸符合规范要求，并进行现场见证取样，并送检测机构检测。

3. 副龙骨

采用 50 mm×19 mm×0.5 mm 副龙骨，副龙骨材质应为镀锌件，镀锌层厚度符合要求；龙骨表面无起泡、生锈现象；龙骨的力学性能符合国家范要求；龙骨的外观质量、形状、尺寸符合规范要求，并进行现场见证取样，并送检测机构检测。

4. 纸面石膏板

采用 1 220 mm×2 440 mm 纸面石膏板，纸面石膏板材质符合规范要求，表面无污痕、厚度符合国家规范要求，产品不得有裂纹和翘曲等现象，并且进行现场见证取样，并送检测机构检测。

第八节　关于型条软包双层隔声墙施工工艺与技术的探讨

型条软包双层隔声墙是一种在土建原有墙体和轻钢龙骨隔墙之间留置空腔，石膏板和防潮板做基层，型条软包做饰面的隔墙。它综合并优化了轻钢龙骨石膏板隔墙和软包两项施工工艺，使墙体兼具软包装饰、吸声、隔声、隔热等性能。

精致的软包质量和优异的吸声、隔声、隔热性能，使型条软包双层隔声墙深受业主、设计师的青睐。

一、工艺特点

(1)传统软包由机器生产，受设备制约，造型复杂、体量稍大而受限制，而型条软包可现场制作，造型、体量不受限制，适用性强(图7-26)。

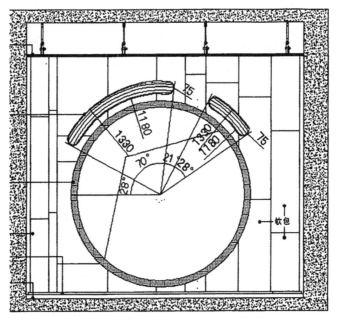

图 7-26   造型复杂、体量大的型条软包

(2)与传统软包相比，型条软包采用锯齿状夹口和型条固定软包布，每块板独立安装不受邻板制约，安装拆卸方便，可根据需要拆洗或更换软包布、海绵，节材与环保。

(3)与传统软包相比，型条软包表面平整无皱褶，十字交叉处齐整无错位，线条笔直流畅，观感质量好。

(4)与传统隔墙相比，型条软包双层隔声墙安装了双层基层板，隔墙刚度更好，吸声、隔声、隔热效果更显著。

(5)与传统隔墙相比，型条软包双层隔声墙内置 100 mm 厚空腔，龙骨框架内置 50 mm 厚玻璃棉，减少了空气对流的可能，吸声、隔声、隔热效果更显著。

二、适用范围

型条软包适用于大型会议室、娱乐场所、家庭影院、戏剧院、影院影厅、播录音室等高档次装修，吸声、隔声、隔热要求较高的墙面装饰。

三、工艺原理

离墙 100 mm 安装轻钢龙骨骨架；骨架背面满挂钢丝网；骨架内嵌玻璃棉；骨架外安装石膏板、防潮板；安装卡条；安装软包；收口处理(图 7-27)。

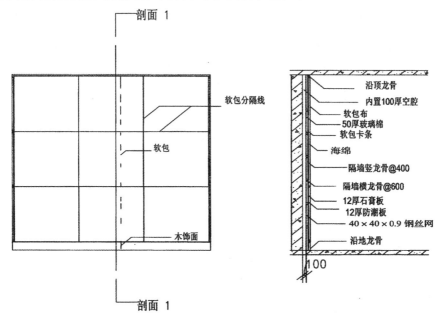

图 7-27　工艺原理

四、工艺流程及技术操作要点

(一)施工工艺流程

弹线→骨架安装→挂钢丝网→嵌填玻璃棉→隐蔽验收→罩面板安装(石膏板、防潮板安装)→卡条安装→软包安装→收边处理。

(二)技术操作要点

1. 弹线

在基体上弹出水平线和竖向垂直线,以控制隔断龙骨安装的位置、格栅的平直度和固定点。

2. 骨架安装

(1)沿弹线位置固定沿顶和沿地龙骨,各自交接后的龙骨,应保持平直。固定点间距应不大于 1 m,龙骨的端部必须固定牢固。边框龙骨与基体之间,应按设计要求安装密封条。3.5~6 m 的隔墙采用 C75 系列轻钢龙骨;6m 以上隔墙采用 C100 系列轻钢龙骨。

(2)当选用支撑卡系列龙骨时,应先将支撑卡安装在竖向龙骨的开口上,卡距为 400~600 mm,距龙骨两端的距离为 20~25 mm。

(3)门窗或特殊节点处,应使用附加龙骨,其安装应符合设计要求。

(4)骨架安装的允许偏差:立面垂直度,2 mm;表面平整度,2 mm。

3. 挂钢丝网

用 14 号铁丝将 40 mm×40 mm×0.9 mm 的钢丝网与骨架背面固定。固定点横向间距 500~600 mm,竖向间距为横龙骨高度。要求钢丝网满铺骨架,与骨架连接牢固,贴合紧密。

4. 嵌填玻璃棉

50 mm 厚玻璃棉满嵌骨架内,要求玻璃棉裁剪整齐,与钢丝网连接牢固。

5. 隐蔽验收

封罩面板前,邀请监理工程师或业主现场代表,按相关规定进行隐蔽验收。隐蔽验收合格,方可进入下道工序。

6. 罩面板(石膏板、防潮板)安装

(1)安装石膏板前,应对预埋隔断中的管道和附于墙内的设备采取局部加强措施。

(2)石膏板宜竖向铺设,长边接缝应落在竖向龙骨上。

(3)石膏板采用自攻螺钉固定,周边螺钉的间距不应大于 200 mm,中间部分螺钉的间距不应大于 300 mm,螺钉与板边缘的距离应为 10~16 mm。

(4)安装石膏板应从板的中部开始向板的四周固定。钉头略埋入板内,但不得损坏石膏纸面。石膏板的接缝,一般为 3~6 mm。

（5）防潮板固定同石膏板，但与石膏板应错缝安装。

（6）石膏板、防潮板安装后垂直度、表面平整度应符合规范要求。

7. 卡条安装

（1）根据施工图纸，将软包纵横向分格线或图案清晰准确地标定在防潮板上。

（2）剪卡条。将卡条放在绘制好的基层板上，对照绘好的图案线条，在线条交叉的位置作上记号，并剪出缺口。相交的卡条接口要剪整齐，角度要合适，拼接严密。卡条底板不能重叠。

弯曲卡条法。将卡条底板锯通（这里钢剪不适用，钢锯或者砂轮机较好用），每隔一小段锯一缺口，缺口稀密根据曲线的弧度而定，锯通了底板的卡条可以弯曲铺钉。

（3）钉卡条。一般用气钉枪（又称马钉枪）固定卡条，常用 1010 号钉，也可用其他型号钉，但必须固定牢固。整幅软包墙面，四周卡条钉距 20～30 mm，中间卡条钉距 40～60 mm。

（4）交叉点处理：卡条交叉处下方需多留空，以便藏多余的面料。齿夹部要剪出缺口，边沿齿夹部也要剪出缺口，收边卡条与中间卡条相交点要剪出缺口。

（5）阳角处理：将第三根卡条的底部，靠近两根卡条的夹缝，根据需要在前面固定好的卡条的侧面固定，只选一个夹面料即可。

（6）阴角处理：卡条跟另一墙面之间需留出间隙，间隙为卡条的高度。

（7）电源口处理：在电源口底盒外围，用卡条钉一个框，框的大小以面板能盖住底盒为准。

（8）弧线处理：将卡条底剪出缺口（缺口稀密根据弧度大小而定），以便弯曲。

8. 软包安装

1）填充软包吸声层

卡条固定完毕后，根据其分隔出的区域进行测量，按照测量的尺寸裁切海绵。若海绵厚度为 40～50 mm，裁切尺寸可适当缩小 10 mm。粘贴海绵时，出于环保考虑，尽量少用胶粘剂，能粘住就行。

2）软包布裁剪

海绵粘贴完毕后，进入软包布裁剪工序。无论是自左而右，还是自上而下，每块宽高都应各多留出 60～80 mm 的余量。有些规格的面料，大小正合适，不用裁剪，可直接安装。

3）安装软包布

　　将裁剪好的面料，从边条开始，整齐均匀地用铲刀塞进夹口，注意边条外侧要留出不少于 20 mm 的面料余边。每块边条塞完后，接着塞对边，再依次塞另两边，即可完成一块。不得一次直接塞完任意的一条直线，必须按顺序一块一块地进行。若遇十字交叉口处，将面料集结起皱的多余面料塞入夹口底部的夹槽内即可。塞布时，会遇到余量不可进行下一块时，就需要接续面料，此时将多余的面料剪掉，再将断槎全部塞进夹槽底部，才可接续面料。

参考文献

[1] 林策. 基于建筑形态的太阳能潜力研究[D]. 华中科技大学，2018.

[2] 王娟. 谈热计量数据在建筑物能耗分析中的应用[J]. 山西建筑，2018，44(30)：179-181.

[3] 余育璎. 陶瓷太阳能集热板与建筑一体化应用[J]. 内江科技，2019，40(05)：49-50.

[4] 毛建英. 某中学扩建工程深基坑支护的施工及处理措施[J]. 江西建材，2019(05)：111＋113.

[5] 祝成智，梁子元. 供热管道压力调整对管损计量的影响[J]. 工程技术研究，2019，4(11)：228-229.

[6] 陶瑞轩，王杰，周冀伟，等. 高层建筑泵管清洗水回收系统工程应用[J]. 施工技术，2019，48(S1)：1388-1390.

[7] 张洋. 供热计量分户系统与热计量计费数据分析[J]. 建材与装饰，2019(21)：216.

[8] 徐飚，65 系列内开内倒断桥隔热铝合金窗. 浙江省，浙江建业幕墙装饰有限公司，2019-12-28.

[9] 麦尔哈巴·帕尔哈特. 大学生就业问题及就业指导教学优化对策[J]. 就业与保障，2020(08)：58-59.

[10] 易松，张雪. "隔离经济"下大学生就业问题研究[J]. 就业与保障，2020(09)：47-48.

[11] 黄憬怡. "考研热"视角下部分大学生就业观念探究及做法[J]. 就业与保障，2020(10)：48-49.

[12] 彭兰. 植生混凝土施工工艺及构件设计研究[D]. 广州大学，2020.

[13] 鲁尚德. "慢就业"背景下大学生就业指导课程教学模式的改革[J]. 大学，2020(23)：55-57.

[14] 陶建华，左冬梅. 创新创业视角下大学生就业指导现状分析及对策研究

[J].教育教学论坛，2020(24)：50-51.

[15]杨庆光，梁凌川，柳雄，等．基坑围护结构侧向变形引起的坑外土体变形研究[J].地下空间与工程学报，2020，16(03)：915-920.

[16]阮祎萌．城市地下空间工程基坑支护设计与分析[J].建筑结构，2020，50(S1)：989-994.

[17]姚兰．双创背景下应用型院校大学生就业指导模式研究[J].桂林航天工业学院学报，2020，25(02)：245-248.

[18]赵英杰．当代大学生就业现状及就业指导对策探讨[J].创新创业理论研究与实践，2020，3(12)：186-187.

[19]陈昕．太阳能光伏发电技术对建筑电气设计的影响[J].通信电源技术，2020，37(12)：70-72.

[20]王鑫．民用建筑工程项目中的地基基础和桩基础及其施工技术[J].工程建设与设计，2020(13)：35-37.

[21]买固如·买买提，阿肯努尔·达那别克，李亚杰．利用新媒体创新大学生就业指导工作路径[J].记者观察，2020(21)：90-91.

[22]胡进，王磊，何琴．大学生参与就业指导影响因素及对策[J].合作经济与科技，2020(16)：118-121.

[23]徐玮，郭硕，史东旭．在大学生就业指导课中全程开展积极心理教育[J].产业与科技论坛，2020，19(16)：200-201.

[24]赵子乔，王楚媛．新媒体视阈下大学生就业指导工作信息化策略[J].大学，2020(31)：97-98.

[25]卢米雪．发挥班主任在大学生就业工作中积极作用的思考[J].教育教学论坛，2020(36)：56-57.

[26]吕媛．新冠肺炎疫情下互联网＋就业趋势及高校毕业生就业的应对策略[J].中国大学生就业，2020(18)：34-38.

[27]马驰，周晓益，孙健，等．建筑工程中深基坑支护施工关键技术分析[J].工程技术研究，2020，5(18)：55-56.

[28]李琨．疫情背景下高校思政教育对大学生就业发展的影响[J].就业与保障，2020(18)：62-63.

[29]韦士心."三全育人"视阈下大学生就业指导的提升路径[J].湖南大众传媒职业技术学院学报，2020，20(03)：105-108.

[30]常锦河．新形势下大学生就业指导路径探析[J]．试题与研究，2020（28）：128-129．

[31]廖丹．大学生就业困难分析及高校就业工作对策研究[J]．长江丛刊，2020(28)：123＋125．

[32]王芸芸．大学生就业指导课程改革路径探析[J]．教育观察，2020，9（41)：101-104．

[33]林晓玲．新时代大学生职业价值观教育与引导路径探寻[J]．科教导刊（下旬刊），2020(33)：176-178．

[34]朱锦玲．浅析如何完善高校大学生就业指导服务体系[J]．长江丛刊，2020(33)：101-102．

[35]黄海城，严舒超，吴志华，等．搅拌站废水回收再利用方法研究[J]．混凝土，2020(11)：157-160．

[36]刘颖．软土地层复杂环境条件下深基坑施工变形及力学性能研究[D]．南昌大学，2020．

[37]黄森林．信息化背景下大学生就业指导工作创新策略研究[J]．产业创新研究，2020(23)：114-115．

[38]刘昊东．建筑施工现场水回收利用自动喷淋降尘系统应用优势探析[J]．中国建材科技，2020，29(06)：33-35．

[39]张栩．高层建筑工程的地基基础施工技术分析[J]．工程技术研究，2020，5(24)：50-51．

[40]耿凤松，方文利．新时代大学生就业指导课程创新教学模式探究[J]．发明与创新(职业教育)，2020(12)：91-92．

[41]孙晓燕．新媒体视阈下大学生就业指导工作信息化策略[C]//．华南教育信息化研究经验交流会2021论文汇编(五)，2021：470-472．

[42]刘秀荣．大学生职业生涯规划与创新创业能力提升探析[J]．经济师，2021(02)：139-141．

[43]朱艳军．基于大数据背景的大学生就业指导研究[J]．就业与保障，2021（03)：49-50．

[44]邵凯敏．新时代大学生职业发展与就业指导探究[J]．教育信息化论坛，2021(03)：113-114．

[45]赵昊静．大学生就业指导与职业规划的探析[J]．营销界，2021(11)：

190-191.

[46]斯提尼沙·吐尔逊.经济新常态下大学生就业路径创新思考分析[J].大陆桥视野,2021(03):64-65+69.

[47]苏彦,周记名,谭维佳.桩端注浆超长灌注桩的极限承载力研究[J].河北工业科技,2021,38(02):129-135.

[48]杨婷,刘贝贝,梁春迪."互联网+"视域下大学生就业指导工作创新研究[J].投资与创业,2021,32(05):151-153.

[49]郑若冉.当代大学生的职业规划和就业指导[J].就业与保障,2021(05):65-66.

[50]李晟.新时期高校就业困难学生群体的困境及对策[J].中国商论,2021(06):185-187.

[51]黄婉瑜.大学生慢就业心态影响下的求职过程中法律风险分析——以职业本科院校为例[J].法制博览,2021(09):141-142.

[52]汪贞.职业生涯规划在大学生就业指导工作中的应用研究[J].商展经济,2021(06):97-99.

[53]李珈,张凤.疫情背景下的大学生网络就业指导研究[J].成都中医药大学学报(教育科学版),2021,23(01):117-119.

[54]牛磊.新媒体环境下高校就业创业指导工作创新分析[J].内蒙古煤炭经济,2021(06):219-220.

[55]贾苏尔·阿布拉,王竹,苗丽婷,等.居住建筑分户热计量法探析[J].中外建筑,2021(04):161-164.

[56]汪奎.节能环保技术在建筑工程施工中的应用[J].中华建设,2021(06):126-127.

[57]刘树明,王四根,朱峰.南沙港区陆域软土基坑支护方案设计与实现[J].河北工业科技,2021,38(04):336-342.

[58]刘飞,王辉明,李欢秋,等.地下商业街超浅埋暗挖法拱顶结构变形计算分析[J].地下空间与工程学报,2021,17(S1):180-186.

[59]魏永祥,胡登海,郭武,等.中深层无干扰地热能供暖节能环保施工技术研究[J].建筑机械化,2021,42(09):53-56.

[60]姜鑫,潘宏刚,徐有宁.供热计量节能措施研究[J].暖通空调,2021,51(S1):23-25.

[61]吴春波，崔力谨．植草混凝土强度性能影响因素的研究进展[J]．水利水电技术(中英文)，2021，52(S2)：6-9.

[62]鲜志媛．论市政工程管理中环保型施工的应用[J]．居业，2021(10)：123-124.

[63]严菁，张祎剑．绿色建筑背景下地基工程全生命周期管理研究[J]．陶瓷，2021(11)：137-138.

[64]许斌，韩冰．建筑工程新型绿色施工技术应用及节能环保方法探究[J]．智能建筑与智慧城市，2021(11)：85-86.

[65]张超，苏兴矩．北方地铁车站废热回收供暖应用[J]．建筑技术，2021，52(S1)：70-71.

[66]杨钊，王晓梅，周云艳．改性植被混凝土基材力学与植生试验研究[J]．安全与环境工程，2022，29(01)：225-233.

[67]尹迪．土木工程施工节能绿色环保技术研究[J]．房地产世界，2022(02)：79-80.

[68]廖镜旺，刘川顺，刘勇．对撑式排桩支护体系的结构分析和优化设计[J]．土工基础，2022，36(01)：1-4.

[69]徐广财．建筑工程建设中的节能环保施工技术[J]．设备管理与维修，2022(06)：132-133.

[70]陈国栋．建筑工程地基基础及桩基础施工技术思考[J]．科技与创新，2022(07)：108-110＋117.

[71]赵晖，陈爽．建筑装饰设计施工的节能环保技术分析[J]．资源节约与环保，2022(04)：8-12.

[72]杨雪峰．新方法、新技术、新材料在室内装饰装修工程中的应用[J]．工程建设与设计，2022(08)：169-171.

[73]李晓阳，卢亚新，余俊业．现代房屋土建筑工程地基基础施工技术的应用研究[J]．建材发展导向，2022，20(12)：157-159.

[74]杨琴，田亚洲，吴建福，等．绿色环保循环处理泥浆施工工法研究[J]．建筑节能(中英文)，2022，50(06)：139-143.

[75]王君，余本东，王矗垚，等．太阳能光伏光热建筑一体化(BIPV/T)研究新进展[J]．太阳能学报，2022，43(06)：72-78.

[76]王阳，程琼，龚群星，等．水循环利用系统在施工现场的应用[C]//

.2022 年全国工程建设行业施工技术交流会论文集(上册)，2022：359-361.

[77]陈际平，江小亮，王尧，等．冠梁和支护桩凿除绿色施工综合技术[C]//.2022 年全国工程建设行业施工技术交流会论文集（上册），2022：438-440.

[78]芦永曾，吴浪，韩松，等．绿色装配式土钉墙支护施工技术[C]//.2022年全国工程建设行业施工技术交流会论文集(上册)，2022：599-600.

[79]曹华英，许诺，蔡金术，等．植生混凝土填隙材料研究[J].现代园艺，2022，45(13)：38-43.

[80]李科杰．断桥隔热铝合金窗在建筑中的应用[J].价值工程，2022，41(20)：143-145.

[81]齐保才．太阳能与建筑一体化光伏生活热水技术示范应用[J].城市开发，2022(07)：120-121.

[82]崔琳．智能化建筑弱电安装工程的施工技术[J].大众标准化，2022(14)：152-154.

[83]林昌蕃，叶浩良，杨才龙，等．基于 BIM 的水回收利用系统应用研究[J].建筑经济，2022，43(S1)：544-549.

[84]代晓甫，林娜，王久强．铝合金模板体系施工技术在绿色建筑施工中的应用分析[J].中国住宅设施，2022(07)：148-150.

[85]王卫，王海成，刘志平．玻璃纤维筋锚杆在基坑工程中的应用[J].岩土工程技术，2022，36(04)：329-333.

[86]周启明，陈辉．低碳技术在村镇低层建筑中的应用探讨——以田汉艺术文化园项目为例[J].工程建设，2022，54(08)：62-66.

[87]张敏．上海自然博物馆清水混凝土绿色施工技术研究[J].上海建设科技，2022(04)：43-45.

[88]杜文刚．绿色建筑施工标准探讨[J].大众标准化，2022(16)：25-27.

[89]钟伦军，向劲松，肖仲，等．"施工现场水循环利用"绿色施工技术的应用[J].智能建筑与智慧城市，2022(08)：115-117.

[90]杨勐，李斌．绿色建筑全过程设计理念与探索——以广州南沙明珠湾开发展览中心为例[J].低碳世界，2022，12(08)：151-153.

[91]赵晓芳．节能环保化建筑装饰装修工程施工[J].科技资讯，2022，20(17)：112-114.

[92]萧道乾.铝合金窗户渗漏原因分析及防治措施[J].江西建材,2022(08):248-250＋257.

[93]邓燃,高吉军,杨青,等.节能绿色环保技术在土木工程施工中的应用策略[J].建筑科学,2022,38(09):186.

[94]陆广衍.低吸热路面施工技术在绿色环保路面中的应用[J].上海公路,2022(03):16-19＋163.

[95]把晓蓉.绿色建筑中节能环保施工技术的应用研究[J].房地产世界,2022(19):122-124.

[96]赵禹轩,赵淼,李昌辉.铝模板技术在高层建筑绿色施工中的运用研究[J].工程建设与设计,2022(19):216-218.

[97]李帆,邱学山,潘逸卉,等.高压旋喷桩在基坑防护中的应用研究[J].江苏科技信息,2022,39(28):66-69.

[98]黄俊龙.装饰装修工程管理在绿色施工理念下的问题与对策研究[J].居舍,2022(29):57-59＋176.

[99]刘梦旭,李爱琳,刘畅,等.绿色钢结构装配式宜居农房技术应用研究[J].混凝土世界,2022(10):70-79.

[100]刘洋,聂荣.泡沫混凝土在绿色环保施工中的应用[J].红水河,2022,41(05):109-112.

[101]孙盛欢.绿色建筑安装工程造价预算与成本控制方法[J].中国招标,2022(11):129-131.

[102]郑常雨,任伟,马启书.铝合金窗主附框蝴蝶卡扣连接施工技术应用[J].四川建材,2022,48(11):114-115.

[103]刘瑞敏.探析建筑装饰装修中污染问题及治理对策[J].佛山陶瓷,2022,32(11):48-50.

[104]李泽兰.绿色节能背景下的玻璃幕墙施工技术[J].智能建筑与智慧城市,2022(11):117-119.

[105]李磊,刘祥东,刘春明.高层住宅群绿色施工关键技术的应用研究[J].智能建筑与智慧城市,2022(11):132-134.

[106]崔宝霞,曾光.现代绿色节能技术在建筑工程施工中的应用探析[J].上海节能,2022(11):1447-1451.

[107]赵世琳,罗席鹏.绿色节能施工技术在房屋建筑工程施工中的应用[J].

中国住宅设施，2022(11)：1-3.

[108]庄超．大型公共建筑机电安装工程中 BIM 技术的应用[J]．中华建设，2022(12)：122-124.

[109]许凯峰．绿色建筑技术的应用价值评价——以信阳 E02 住宅为例[J]．价值工程，2022，41(34)：136-138.

[110]杨善印，侯利军，吉庆伟，野博超．植生混凝土抗压强度和降碱方法研究进展[J/OL]．水利水电技术（中英文）：1-11［2023-01-31］.http：//kns.cnki.net/kcms/detail/10.1746.TV.20221208.1036.001.html

[111]赵斌．基于绿色建造理念下装配式住宅施工技术研究[J]．砖瓦，2022(12)：42-44.

[112]吴龙，李冲．绿色节能建筑的施工技术实践探究[J]．砖瓦，2022(12)：125-127.

[113]鲁雪利．城市建筑渣土处理存在的问题与解决措施分析[J]．工程技术研究，2022，7(23)：98-100.

[114]何仕发．绿色建筑装饰铝合金模板的组织与性能研究[J]．成都工业学院学报，2022，25(04)：49-54.

[115]陈专，耿立峰，陈乐球，邵德成，刘金华．微型钢管砼树根桩在地基基础加固工程中的应用[J]．化工矿产地质，2022，44(04)：364-368.

[116]熊伟．绿色节能施工技术在房屋建筑工程中的应用[J]．冶金管理，2022(23)：29-30.

[117]林日撑．地下车库防水绿色施工技术研究与实践[J]．佛山陶瓷，2022，32(12)：107-109.

[118]马涛．光伏建筑一体化的应用与发展[J]．建筑技术，2022，53(12)：1754-1756.

[119]黄艺．某超高层绿色建筑玻璃幕墙自然通风数值模拟分析[J]．洁净与空调技术，2022(04)：75-79.

[120]李瑞．装配式绿色建筑内墙可移动模式自动切换方法[J]．自动化技术与应用，2022，41(12)：59-63.

[121]王剑，李达，赵青羽，等．建筑绿色节能保温墙体施工技术[J]．智能建筑与智慧城市，2022(12)：124-126.

[122]朱培元，吴冲庭．绿色建筑理念下装配式建筑给排水设计[J]．智能建

筑与智慧城市，2022(12)：130-132.

[123]熊华．绿色施工管理理念下创新建筑施工管理的策略分析[J].智能建筑与智慧城市，2022(12)：136-138.

[124]李静，赵静，江美菱．"双碳"背景下老旧小区绿色建筑技术改造策略研究——以徐州市为例[J].安徽建筑，2022，29(12)：9-10＋53.

[125]史绍君．绿色节能施工在建筑工程中的应用[J].散装水泥，2022(06)：45-46＋49.

[126]谢如杰．房地产开发中绿色建筑给排水施工技术分析[J].散装水泥，2022(06)：170-172.

[127]袁志辉．建筑电气节能设计及绿色建筑电气技术分析[J].智慧中国，2022(12)：76-77.

[128]尹志东，王佳，向彦霖，等．浅谈陶粒混凝土保温地坪施工[J].四川建筑，2022，42(06)：210-211＋214.

[129]杨玉胜，孙俊杰．"双碳"目标下绿色建筑质量监管策略研究[J].工程管理学报，2022，36(06)：42-47.

[130]孙浩然，董恒瑞，罗干，等．建筑工业化与绿色化融合发展路径研究[J].重庆建筑，2022，21(S1)：101-103.